U0062918

RPA
IMPLEMENTATION
METHODOLOGY

RPA
实施方法论

张丽蓝　郭宇博　徐　锐　余冰冰　陈德炼
王　端　闫旭敏　石　佳　刘　金　杨　振　◎著

机械工业出版社
China Machine Press

图书在版编目（CIP）数据

RPA 实施方法论 / 张丽蓝等著 . -- 北京：机械工业出版社，2022.7
ISBN 978-7-111-70998-5

I. ①R… II. ①张… III. ①智能机器人 IV. ①TP242.6

中国版本图书馆 CIP 数据核字（2022）第 100435 号

RPA 实施方法论

出版发行：机械工业出版社（北京市西城区百万庄大街 22 号　邮政编码：100037）

责任编辑：韩　蕊　　　　　　　　　　　　责任校对：殷　虹

印　　刷：保定市中画美凯印刷有限公司　　版　　次：2022 年 7 月第 1 版第 1 次印刷

开　　本：186mm×240mm　1/16　　　　　印　　张：14.5

书　　号：ISBN 978-7-111-70998-5　　　　定　　价：89.00 元

客服电话：（010）88361066　88379833　68326294　　　投稿热线：（010）88379604

华章网站：www.hzbook.com　　　　　　　　　　　　读者信箱：hzjsj@hzbook.com

版权所有 · 侵权必究
封底无防伪标均为盗版

张丽蓝　资深项目经理，为金融、制造、医药等大型企业提供 RPA 解决方案和项目落地方案。

郭宇博　RPA 流程自动化专家，昆仑银行 RPA 建设负责人。具备丰富的实战、管理经验。

徐锐　移动互联网创业者，RPA 之家合伙人。参与过大型 RPA 制造业项目，擅长以计算机思维解决产品问题。

余冰冰　高校教师，智能财务专业负责人，《RPA 财务机器人应用与开发》一书合著者，主持多项 RPA 相关教改项目。

陈德炼 RPA 之家创始人兼 CEO，致力于 RPA 在中国的普及。

王端 世界 500 强银行 RPA 专家，10 年大型银行开发设计经验，5 年 RPA 项目实施经验。

闫旭敏 医疗软件公司总经理，从事医疗信息化和 RPA 自动化 15 年，尤其擅长 RPA 和传统医疗软件的结合创新。

石佳 曾任某四大咨询公司咨询经理，国内 RPA 行业早期实践者之一，先后主导过大型企业 RPA 实施、RPA 卓越中心建设。

刘金 多年大型外资公司 RPA 工作经验，擅长 RPA 全生命周期管理及业务流程优化。

杨振 RPA 之家联合创始人，华为认证的 RPA 高级开发工程师。致力于 RPA 在中国的推广，助力企业使用 RPA 降本增效。

本书为广大 RPA 从业人员提供了"塑造"成功 RPA 项目的理论基础。

——杨光耀　前 Automation Anywhere 亚太及日本区合作伙伴部总经理

本书介绍的方法论有助于实现企业降本增效、有效控制运营风险的目标，重塑企业生产力，让员工更有价值，助力企业业绩实现指数级增长！

——孙阳光　金智维人力资源总监

在数字化转型浪潮的今天，RPA 无疑是连接异构系统的利器。本书介绍的 RPA 实施方法论是当前企业，尤其是大型企业，推进数字化转型工作的必备良方。

——万正勇　九科信息创始人

新技术落地的关键是客户体验，好的客户体验来源于好的实施服务，本书给广大的 RPA 使用者指明了方向。

——李海翔　艺赛旗大客户经理

本书不仅将新兴的数字机器人技术诞生始末娓娓道来，更为从业者提供了一份高价值的服务标准作为参考，值得每位从业者阅读。

——顾震宇　壹沓科技 COO

本书全面系统地对 RPA 实施的流程和方法论进行深入的介绍，这本书对于 RPA 行业的从业者具有非常好的指导作用，读者可以通过本书系统地了解 RPA，提升 RPA 项目的成功率。

——柴亚团　上海容智信息技术有限公司 CEO

本书填补了国内 RPA 方法论图书的空白，将带动企业跨入 RPA 专业领域。

——潘淳　微软技术俱乐部（苏州）执行主席、苏州 RPA 联合创新实验室 委员、邮储银行科技部"RPA+AI 创新实验室"负责人

本书围绕 RPA 的发展现状及企业在 RPA 选型、实施等每个阶段所面临的工作内容，全面介绍了 RPA 实施的流程管理和管理 RPA 的方法论，是一本很好的 RPA 学习指导图书。

——朱龙春　小四科技创始人、《RPA 智能机器人： 实施方法和行业解决方案》作者

本书给我在产品未来功能的规划思路上提供了很大启发，内容通透、饱满，总能让我找到一些契合和共鸣，是一本值得细细琢磨的书。

——韩广露　RPA 环渤海产业联盟理事长、宏桑软件总经理、 I-E RPA 联合创始人

这是一本非常接地气的 RPA 实施指导书，是中小型 RPA 供应商实现最佳 RPA 项目的启明灯。

——边伟刚　图萨扬 RPA 创始人、CEO

自动化是一个旅程，而实施工作是其中举足轻重的要点，本书适用于各种 RPA 从业人员参考。

——任威　中投创展科技总经理

本书既提出了 RPA 全生命周期管理的建设及运营方法论，又有许多实战案例，有益于学界和业界深化对 RPA 的理解！

——海广跃　凡得科技创始人、CEO

本书汇集了大量 RPA 技术应用在企业端的关键要素，提供了非常有价值的经验分享，有效助力企业数字化转型。

——陈九洲　上海云之初科技 CEO

这是一本企业 RPA 实施落地的实践指南，从 RPA 基本原理到业务案例场景到组织卓越中心建设全面覆盖。

——王冬兴　振邦机器人 CEO、流程管理专家

这是一本 RPA 实施的全流程指引，有助于学习 RPA 全过程管理，有助于多方达成一致化标准，有助于成功实施 RPA 项目。

——丁国栋　迈容智能创始人

本书内容丰富、结构严谨，既有结合企业数字化转型的方法论论述，又对价值发掘的过程给出了翔实的指导。可作为企业信息化管理人员案头参考。

——焦正新　上海自然而然信息科技有限公司 COO

本书不仅介绍了 RPA 相关的技术、产品、解决方案、不同行业用户案例等内容，为普及 RPA 技术提供了丰富的素材，同时还针对 RPA 项目实施的 7 个阶段以全生命周期管理的视角详细阐述了每个阶段的工作职责、重点内容及输入输出内容，为不同角色的参与者提供可操作的方法论指引。

——徐宁　探智立方联合创始人

这是一本 RPA 领域实施的专业指南，从规划、组织、落地全流程进行了详细介绍，对企业 RPA 实施具有很强的指导意义。

——楼标焰　翰智集团副总经理

RPA 降本增效的确定性价值，被越来越多企业认可，本书对 RPA 实施过程进行了非常详细的拆解，帮助项目团队取得成功，是一本非常棒的 RPA 实施工具书。

——陈英孝　齐讯科技总经理

本书注重 RPA 项目实践，贯穿整个 RPA 项目周期，对项目不同阶段都做了详细描述，也对客户方 RPA 项目的整体规划提出了建设性的意见。适合流程专家、项目实施的业务和技术人员、企业数字化转型的中高层管理人员、大专院校的师生等各个角色的人员阅读。

——沈宏岩　艾塔科技总经理

本书全面透彻地讲解了 RPA 的前世今生，预测了 RPA 行业的未来发展方向，参考价值极高。本书不仅可以解答 RPA 从业组织及个人对于技术和市场的困惑，同时也是各行业企业追求数字化转型和降本增效的指导宝典。

——杨威　环渤海 RPA 产业联盟嘉友软件副总经理、RPA 事业部总监

本书由浅入深，从 RPA 的背景价值，到企业 RPA 项目团队所需技能与职责，详细介绍了 RPA 实施的全流程及 RPA 日常运维监控、运营和创新思维，分享了企业不同阶段 RPA 实施案例，将理论与实操相结合，具有非常强的实战指导意义。

——陈鸿　厦门链友融科技有限公司创始人

本书涵盖了从 RPA 概念到落地应用的全生命周期，相信能给予 RPA 从业者更多启发和帮助。

——周晓莉　牛透社资深记者

为什么要写这本书

时至今日，业务流程、流程优化、流程配套、流程中心、流程管理、流程绩效等词语对绝大多数企业而言已不是什么新概念，为提升运营效率，流程自动化已渗透企业经营的各个领域。

在流程自动化领域，RPA（Robotic Process Automation，机器人流程自动化）的表现令人瞩目，已逐渐成为当今最热门的技术趋势。2021 年，中国 RPA 市场规模达到 28.8 亿元，较 2020 年增长了 55.7%。RPA 中国关于"2022 年 RPA 投入规划"的调研显示：76.1% 的受访者计划扩展 RPA 技术应用并逐渐加大技术投入；预计至 2024 年，中国 RPA 市场规模将达到 81.8 亿元。

对于企业来说，无疑希望以正确的方式实现业务自动化，确保自动化投资能充分发挥潜力，推动企业的数字化转型，同时提高企业经营管理的敏捷性、效率和收入。那么怎样做才能一步到位、少走弯路呢？有没有具体的方法可以学习？有哪些成熟的工具可以运用？有哪些成功的经验值得借鉴？

对于员工来说，面对机器人未来可能会代替个人完成一系列流程任务，不仅需要不断提升自我的认知能力和创造能力，熟练掌握数字技术，还需要调整心态。那么日常工作中应该如何灵活适应新的工作方式，掌握数字技能？怎么做才能不被机器人替代，为企业带来更多的价值？

对于已在 IT 领域工作的技术人员或在校学生来说，面对规模庞大、高速增长的 RPA 市场，应如何充分利用 RPA 的这一发展势头，抓住更多的职业发展机会？应如何利用自动化产品技术快速提升自我技能，并结合自动化思想、工具和方法，全面提升个人综合能力，成为专业的 RPA 技术型人才或管理型人才？

这些正是本书想要解答的问题。

本书紧紧围绕 RPA 的发展现状，以及企业实施 RPA 各阶段所面临的挑战，全面梳理了 RPA 实施管理的规范流程和方法，相信能让各类读者都有所收益。希望本书能为社会、行业和企业做一点力所能及的贡献。

读者对象

- ❑ RPA 项目实施的业务人员和技术人员
- ❑ 流程再造或精益流程的专家顾问
- ❑ 负责企业数字化转型的中高层管理人员
- ❑ RPA 产品研发技术人员
- ❑ 对 RPA 技术感兴趣的普通读者
- ❑ 开设相关课程的大专院校师生

本书特色

目前市场上 RPA 相关的图书主要分为两类：一类是介绍 RPA 产品应用与操作的书，旨在指导读者学习如何操作某款 RPA 软件来完成流程的开发和运行；另一类是介绍 RPA 结合各行业应用的书，通过介绍不同行业领域的典型案例，让读者了解如何梳理、分析流程，如何结合实际业务更快地落地 RPA。

本书内容不拘泥于某款 RPA 产品，而是从企业使用 RPA 实现数字化转型和长远发展的角度，介绍企业应该如何进行 RPA 人才队伍的搭建，包括各职能部门应承担哪些职责和如何做好 RPA 的卓越运营管理工作，帮助企业管理者统筹 RPA 战略落地。

本书围绕 RPA 全生命周期管理的实施方法论展开，不仅介绍了 RPA 技术的相关背景知识，还结合传统 IT 项目开发、运维管理的思想，通过融入 RPA 项目的特性，形成了一套从实施 RPA 到管理 RPA 的理论和方法。

本书提出的理论和方法均是在日常工作过程中不断实践的基础上总结、归纳的，具有较强的可读性和可操作性，读者可以像翻看工具书一样，结合自己感兴趣的内容进行系统性的学习。

如何阅读本书

本书共 14 章。

第 1、2 章介绍 RPA 产生的背景和 RPA 的价值、市场上主流 RPA 产品的架构原理和 RPA 产业链中各赛道代表性企业的产品优势，帮助读者了解 RPA 的基础知识和 RPA 行业的发展现状，指导企业完成 RPA 产品选型。

第 3 章介绍企业 RPA 数字化转型之路需要经历的 4 个阶段、RPA 项目团队成员的构成，以及 RPA 项目管理。

第 4 章概述 RPA 实施全生命周期中每个阶段的意义、输入输出项及彼此之间的联系，帮助读者了解 RPA 实施的全流程。第 5～10 章分别介绍 RPA 实施过程中需要掌握的内容，以及完成这些工作可以使用的工具、方法和规范，帮助业务人员、技术人员和管理人员正确、高效、规范地输出和管理 RPA 流程。

第 11、12 章主要介绍 RPA 的日常运维和卓越中心。第 11 章介绍运维团队的工作职责、沟通与响应机制，帮助企业建设 RPA 运维操作管理规范。第 12 章介绍

RPA CoE 的职责和运营模型，帮助企业高效、持续地推动 RPA 多方面的应用，提升数字化能力。

第 13 章介绍提高认知和培养创新思维的方法，旨在提醒读者在日常工作中要摆脱惯性思维，有意识地培养多思考、多提问、多发现、多创造的思维方式，通过创新来创造新的业务价值。

第 14 章分享 4 个 RPA 实施案例，帮助读者理解本书介绍的方法，真正将其运用到实际的 RPA 项目实施和运营管理中。

勘误和支持

由于作者的水平有限，编写时间仓促，书中难免会有一些不当之处，恳请读者批评指正。如果读者想获取书中介绍的 RPA 全生命周期阶段的所有项目文档模板，以及 RPA 工程师所需具备的所有技术栈能力等资料，或者有任何宝贵的意见，可扫描下方二维码与我们沟通。我们将尽量为读者提供满意的解答，期待能够得到你们的真挚反馈。

致谢

遇见，是最好的礼物。

首先要感谢 RPA 之家的陈德炼老师，你的引荐和努力促成了本书的出版。

感谢 RPA 之家的徐锐老师，在这一年时间中，在你的组织和鼓励下，我们才顺利完成写作。

感谢 RPA 之家的杨振、章泽民、邵京京、李阳、裴登海、李瑞，以及名单之外的每一位充满创意和活力的朋友，感谢你们对本书编写给予的帮助和支持。

感谢家人们的默默支持。

感谢机械工业出版社的杨福川老师、陈洁老师支持我们写作。

谨以此书献给我最亲爱的家人，以及众多热爱 RPA 的朋友！

张丽蓝

目 录 *Contents*

第 1 章 *Chapter 1*

认识 RPA

人类社会发展的根本动力是生产力的发展，而生产工具是生产力发展水平的主要标志。人类社会发展经历了石器时代、农业时代、手工业时代、工业时代和信息化时代，在这个过程中，人类一直在努力通过发明技术和工具来提高社会生产力。同人类社会发展一样，生产力也是企业发展的决定因素。随着信息化时代的到来，计算机技术广泛应用于各行各业，在促进企业管理、运营、生产、销售等活动中展示了广阔的应用前景，极大地促进了企业生产力的发展。计算机技术的发展日新月异，RPA 作为发展过程中的产物之一，在如下背景下应运而生。

1. 人口红利的消失

随着经济的飞速发展，人口红利逐渐消失，企业的人力成本持续上涨，这让企业无法延续过去通过人力打通系统数据、人力连接系统与系统的方式。

2. 信息化系统之间形成数据孤岛

随着企业数字化转型的加深，企业的业务系统呈指数级增长，系统与系统之间形成了若干数据孤岛。一些企业采用的系统是外购的，系统本身不提供后台

API⊖进行数据传输；有些外购系统虽然提供 API，但是需要企业支付昂贵的接口调用费；有些系统虽然可以通过改造实现数据的传输或迁移，但是开发成本和风险都很高；有些技术架构老旧的系统，无法与新系统进行数据对接。打破数据孤岛对许多企业来说是一件难度大且成本高的事情。

3. 人工智能、云计算技术的发展

人工智能、云计算等科学技术的不断发展和成熟，打破了自动化技术在很多场景下无法实现的桎梏，使自动化技术的应用场景得到了很大的扩展。

1.1　什么是 RPA

RPA 是一种应用软件，通过软件技术模仿用户在电脑上的操作，替代人工完成大量重复、规则明确的工作。所谓 RPA 机器人并不是物理实体的机器人，而是计算机中的程序，工厂中的机器人替代的是工人的体力劳动，RPA 机器人替代的是办公室员工的手工操作。本质上，物理机器人和 RPA 机器人都是通过技术手段来实现机器替代人工操作，以达到提高企业生产力的目标。

1.1.1　RPA 的特征

1. 模拟人在电脑上的操作

RPA 机器人如同人类一样能够操作电脑上的应用程序，如浏览器、办公软件、邮箱、企业 ERP 系统等，同时 RPA 可完全模拟人的操作行为和操作顺序，例如点击鼠标左键，单纯从电脑显示器上看是无法区分人工操作和 RPA 操作的。

2. 基于一定规则

RPA 机器人没有自己的思维，只会按照人类预先设计好的规则来执行任务。例如财务人员使用 RPA 从 Excel 报表中获取数据，如果 Excel 格式固定，那么 RPA 机

⊖　API（Application Programming Interface，应用程序编程接口）。

器人就可以按照固定规则去获取数据；如果 Excel 格式不固定或者遇到非结构化数据，那么 RPA 机器人就有可能出现异常而停止工作。

3. 不间断工作

RPA 机器人可以不间断地工作，就如同一个不知疲倦的虚拟员工，可以处理更大量的工作，从而提高企业的运营效率。

4. 非侵入式

由于 RPA 是通过模仿人的操作来完成工作的，因此不需要更改应用系统的底层代码或访问数据库。RPA 就像连接器，可以在不修改原有 IT 系统的同时将不同业务系统串联起来。RPA 的非侵入式特征使得 RPA 项目在实施过程中对原有应用系统的影响很小，风险也降到最低。

5. 错误率低

人工会因为长时间工作而疲劳，从而导致操作错误，而 RPA 按照预先设计的规则执行任务，不会因为疲劳而出现错误，可以有效降低工作错误率。

1.1.2　RPA 的价值

1. 提升企业生产效率

信息化时代，企业中大量的工作都由员工手工操作计算机完成，其中有很多重复的、低价值的工作可以通过 RPA 实现自动化。员工每日的工作时间只有 8 小时，而机器人可以工作 24 小时。机器人工作时长是人的数倍，因此使用 RPA 可大幅提升企业生产效率。

2. 节省企业成本

机器人相当于一个虚拟员工，其成本却远低于真实员工的成本，因此性价比是非常高的。

3. 保障数据准确性

员工长时间手工操作计算机会疲劳，同时也会受到主观情感或外界因素的影响，不可避免地出现操作失误。而 RPA 不会疲倦，也不会犯错，能有效保障数据准确性。

4. 提高合规性

RPA 模拟人工操作，减少主观因素，避免敏感数据被人为窃取，同时可以完整记录机器人运行的整个过程，满足审计要求，提高合规性。

5. 便捷易用性

通常自动化流程通过 RPA 产品提供的低代码或者无代码平台，采用可视化拖曳和配置组件的方式进行设计，操作更简单，非 IT 人士也能轻松上手使用。

6. 可扩展性

RPA 可以应用于多个领域和行业，不同规模的企业都可以设计简单或复杂的流程。

7. 提升企业员工成就感

RPA 不能完全替代员工，而是将员工从烦琐的重复性工作中解放出来，让员工去从事更高等级的工作，提升企业员工的成就感。

1.2 RPA 与传统 IT 系统

传统 IT 系统是企业为了特定的用途而开发的信息化应用软件。RPA 则是在人工智能以及自动化技术的基础上，解决传统 IT 系统中重复性工作的技术，也被看作信息时代释放人工劳动力的一种 IT 解决方案。企业引入 RPA 和开发传统 IT 系统的最终目标是一致的，都是提高企业生产效率。那么传统 IT 系统和 RPA 到底有什么区别？本节从开发流程、开发方式、开发成本、人员要求、适用场景 5 个方面进行分析。

1. 开发流程

从开发流程上看，传统 IT 系统的开发过程已经形成了标准的流程，包括需求提交、需求分析、架构设计、程序开发、程序测试、用户验收、系统上线等。从这个角度看，RPA 应用也具备传统 IT 系统的特性。RPA 作为一种新型 IT 应用，大体上也遵循传统 IT 系统的开发流程，只不过 RPA 在落地细节上有所不同，例如企业采购的第三方 ERP 系统是直接运行在生产环境中的，使用 RPA 操作 ERP 系统时会跳过测试环境直接在生产环境进行验证。可以看出，RPA 并不是严格按照传统 IT 系统的开发过程进行项目落地的，它需要参考现有系统的特点及环境等因素选择更合适的开发流程。

2. 开发方式

从开发方式上看，传统 IT 系统开发工作一般都由专业的程序开发人员通过编写代码的方式完成，而 RPA 不仅可以使用传统 IT 系统编程的方式进行设计，也可以采用低代码甚至无代码的方式完成，目前市面上主流的 RPA 产品基本都支持编程和低代码两种开发方式。

3. 开发成本

传统 IT 系统因为功能相对复杂，要经过很长的研发周期，同时需要参与开发的人员比较多，所以开发成本相对较高。RPA 一般是在现有流程的基础上进行自动化改造，就像按照研发成功的产品设计图来组装零件一样，开发周期相对较短，同时参与开发的人员较少，开发成本较低。

4. 人员要求

从开发方式上可以看出，传统 IT 系统的开发人员需要具有一定的编程能力，而

RPA 一般采用流程驱动设计，对开发人员的 IT 技能要求相对较低，参与开发的可以是 IT 技术人员，也可以是产品经理、项目经理或其他业务人员。

5. 适用场景

传统 IT 系统适用于复杂的需求场景或者全新的信息化场景，RPA 是在现有信息系统的基础上使用自动化技术将多个系统串联起来。例如，财务部门需要一个快速记账、查账的系统来代替人工记账和查账，那么可以通过引入一个成熟的 IT 系统（即电子财务系统）来满足需求。如果企业需要减少财务人员每日在多个财务系统之间进行信息查询和录入的工作量，就可以考虑使用 RPA。

传统 IT 系统是实现一个功能或系统从无到有、从 0 到 1 的过程，而 RPA 则是将已经存在的多个孤立的系统串联起来，两者的关系并不是取代，而是互补。RPA 解决了传统 IT 系统间形成数据孤岛的问题，打通了企业数字化的"最后一公里"。

1.3 RPA 与自动化测试

自动化测试是把人的测试行为转化为机器自动执行的过程。通常由测试人员根据测试用例中描述的流程步骤执行，将得到的结果与期望结果进行比较。在此过程中，为了节省人力、时间和硬件资源成本，提高测试效率，人类发明了自动化测试。由于 RPA 是使用自动化技术来代替手工操作，帮助人们处理重复性的工作，因此也可以应用在自动化测试的场景中。RPA 应用领域包含自动化测试领域，RPA 与自动化测试的对比如表 1-1 所示。

表 1-1 RPA 与自动化测试的对比

类　型	自动化测试	RPA
目标	提升测试效率	提升企业运营效率
用户要求	有一定编程能力的软件测试人员	使用者更加广泛，如 IT 技术人员、产品经理、业务人员等部门相关方

（续）

类　型	自动化测试	RPA
角色定位	测试人员的虚拟助手	企业内部的虚拟员工
展现形式	测试用例	业务流程
涉及的应用	通常为单个应用	通常是跨多个应用系统（如从 Office 软件到邮箱再到 Web 浏览器等）
维护频率	针对 UI 类测试，经常会随着应用的更新同步进行更新，修改相对频繁	一旦构建完成且稳定运行，就尽量不修改，修改频度较低
应用环境	可以在测试、生产环境中运行	通常仅在生产环境中运行

1.4　RPA 与爬虫

爬虫是一种按照一定的规则自动抓取网络上的信息的程序或脚本。RPA 也可以操作 Web 浏览器，自动从网页上抓取数据或图片，这一点和爬虫类似。本节介绍 RPA 和爬虫的区别。

1. 技术原理

RPA 模拟人工在系统界面上进行各类操作，如点击鼠标、复制并粘贴文本、打开文件或执行数据采集等。

爬虫通常使用 Python 脚本语言通过发送 HTTP 请求或直接解析网页元素等方式来获取数据。爬虫抓取的数据量庞大，有时甚至可达千万或上亿 MB。

2. 应用场景

RPA 的应用场景非常广泛，可以在企业各个部门使用，如财务部、人事部、采购部、市场部。在具体操作层面上，RPA 可以自动查收和回复邮件，归档邮件中的附件，可以自动登录网站或桌面应用系统读取或录入数据，可以复制和移动文件并读取或写入文件数据，可以结合图像识别技术识别票据信息等。总之，企业中有固定规则的重复性工作都可以通过 RPA 来实现自动化。

爬虫主要应用于网络上的数据采集，工作场景具有局限性，使用爬虫虽然采集数据效率高，但对后台会造成巨大负担，且易被反爬虫机制禁止。

3. 合规性

因为 RPA 的原理是"模拟人的操作"，所以它对系统的操作也如人工在系统上正常操作一般，不会对系统造成任何影响。RPA 已经在银行、证券、保险、物流、政府机构等领域投入使用。

爬虫的合规性要视具体情况而定，由于多用在数据采集方面，爬虫涉及的工作有可能侵犯个人隐私和企业的数据安全，因此应用上始终存在争议，如果使用不当，可能会带来法律风险，甚至是严重的法律后果。

1.5　RPA 与低代码

低代码开发是指无须编码或通过少量代码就可以快速生成应用程序的一种开发方式，允许用户使用易于理解的可视化工具开发自己的应用程序。从概念上看，RPA 与低代码并无直接的关系，那么为什么有很多 RPA 厂商或者用户将低代码开发与 RPA 关联起来呢？

笔者认为有以下两个主要原因。

1）RPA 厂商希望通过在 RPA 工具中引入低代码开发来降低 RPA 工具的使用门槛，扩展 RPA 的用户群体范围，从而更好地推广 RPA 产品。

2）RPA 的使用者是那些真正清楚公司业务流程的业务人员，这些用户通常没有 IT 技术背景，只能通过低代码的方式完成自动化流程的设计。

从以上两个方面来看，低代码开发将是 RPA 工具的一个发展趋势。

目前 RPA 工具与低代码开发融合得还不够完美。市面上多家主流厂商的 RPA 工具在面对复杂业务场景的时候还不能完全做到无代码设计，并且部分 RPA 工具的功能依然以程序员作为用户群体来设计，例如有些 RPA 工具会使用"If 判断"组件、"For 循环"组件等，这些组件对于没有编程基础的业务人员来说还是较难上手的。RPA 要实现适合多角色使用、完全无代码设计的目标依然任重而道远。

实际上，RPA 的最终目标是为企业尽可能多的业务流程实现自动化，并不是要用低代码开发方式来替代传统编程开发方式。目前低代码开发作为 RPA 产品的发展方向之一，深受 RPA 厂商的推崇，为了解决低代码与传统编程之间的选择问题，一些 RPA 厂商开始针对不同的用户推出不同的 RPA 产品，例如 UiPath 针对非专业开发者和专业 IT 开发者推出了不同的 RPA 产品 Studio 和 Studio Pro。相信随着科技的不断创新及 RPA 厂商的共同努力，低代码开发方式与传统编程开发方式能够相互取长补短，在各自擅长的领域不断发展，未来 RPA 产品会被更多企业用户和个人接受。

1.6　本章小结

本章介绍了 RPA 产生的背景、RPA 的特征及价值，并分别将 RPA 与传统 IT 系统、自动化测试、爬虫进行了比较，还描述了 RPA 与低代码的联系，希望能帮助读者快速了解什么是 RPA，认识到 RPA 的价值。

如今，RPA 概念已经在全球广泛传播，RPA 的价值也正在被越来越多的企业认可。RPA 未来的市场潜力巨大，相信随着自动化技术的不断发展和 AI 技术的日益成熟，会有越来越多的企业引入 RPA 实现企业的数字化。

主流通用型 RPA

RPA 应用软件并不是横空出世的，而是经历了很长一段时间的技术发展，逐步演变为今天这样功能强大、应用广泛。虽然早期的自动化技术并不能称为 RPA，但是它们不断启发着人类发展自动化的思路。随着云计算、人工智能等技术的不断成熟，RPA 逐渐成为企业进行数字化转型的重要工具，RPA 行业也成为最近几年全球市场增长较快的新兴行业之一。

2.1 RPA 产品的发展过程

RPA 产品是现代社会信息化发展到一个新阶段的标志，是计算机软硬件发展到一定程度的产物。当前 RPA 产品正处于蓬勃发展和进行大规模产业应用的阶段。从早期的 RPA 雏形产品算起，RPA 产品形态的发展大致分为如下阶段。

第一阶段：自动化脚本阶段

使用计算机程序编写可独立运行的自动化脚本，通常用于执行定时任务、自动化运维、自动化测试，以及文件的复制、转移、处理等工作。这些自动化脚本严格来讲并不属于 RPA 产品,只是自动化处理的雏形。

第二阶段:局部自动化阶段

这个阶段的 RPA 产品类似于一个单机版的应用程序,主要部署在个人电脑上,虽然已经具备目前主流 RPA 的功能,但是并不能实现多部门合作的业务流程,也不能将若干个部门合作的某一业务形成闭环,实现端到端的自动化。这一阶段的 RPA 产品无法实现大规模应用部署,例如无法批量操作 Excel 数据、无法自动处理客户资料登记等,属于单个操作员的桌面处理级别,仍以手工操作为主,RPA 属于辅助工具。

第三阶段:全面自动化阶段

随着 UiPath、Automation Anywhere、Blue Prism 等 RPA 企业的创新和努力,逐渐形成了 RPA 产品三件套——编辑器、控制台、执行端,也称 DCC(Designer-Controller-Client)结构。这个阶段的 RPA 被用来实现一个完整的业务流程自动化,同时随着业务需求的不断丰富,一个 RPA 应用往往需要在多台终端上运行,也可能需要数十人甚至数百人参与开发,因此 RPA 被设计为可实现跨系统协同、系统互联、数据集成的大规模集群部署。

第四阶段:RPA 上云阶段

这个阶段 RPA 依然采用 DCC 结构,不同的是软件服务部署在了云上。云计算不仅为 RPA 带来了算力的支撑,还节约了企业的服务器软硬件维护成本和场地成本。市面上已有很多 RPA 厂商提供云服务,用户可以根据需求订阅。上云让 RPA 变得更加轻量级,降低了企业引入 RPA 的门槛。这一阶段 RPA 产品形态丰富,推动了 RPA 场景落地。

第五阶段:RPA+AI 阶段

以深度神经网络为代表的新一代人工智能技术发展迅猛,至今已涉及多个研究领域,研究方向包括智能控制、符号计算、自然语言理解、模式识别、计算机视觉、机器学习、数据挖掘、智能信息检索和语音识别等。RPA 厂商开始尝试将 RPA 应用与各类人工智能技术进行融合，试图突破传统 RPA 只能从事简单、重复流程的桎梏，转而从事更复杂、更有价值的工作。

强大的计算机视觉技术和自然语言处理技术拓展了 RPA 的应用场景，使得 RPA 功能得到加强，RPA 能够阅读、看见并处理更多的工作。例如很多银行、金融企业的信贷类业务每天面临着大量的文件材料审核工作，通过 RPA 和 OCR 技术能更加精准地识别并筛选图片信息，将材料审核、用户信息识别、银行卡识别等业务流程自动化，提升了工作效率，节约了人力成本。

人工智能技术将不断发展并进一步推动关联技术和新兴科技、新兴产业的深度融合，RPA+AI 必将持续输出更高的应用价值。

2.2 RPA 产品的分类

传统企业大多面临着数字化转型的问题，而 RPA 作为一种非侵入式技术，允许企业在原有业务系统之上进行业务流程自动化的部署，因此很多公司对 RPA 解决方案抱有极高的期待和热忱。在技术发展和市场需求的共同推动下，RPA 功能不断丰富，应用的行业和场景也不断增多，各种 RPA 产品应运而生。表 2-1 从行业、应用场景、功能、自动化程度、安装环境、部署方式和技术框架维度，对 RPA 产品和应用进行了分类。

表 2-1 RPA 产品分类

分类方式	分类内容
行业	金融行业、保险行业、医疗行业、制造行业、零售行业、能源电力行业、物流行业、教育行业等
应用场景	财务机器人、信贷机器人、人力资源机器人、客服机器人、采购机器人、科技运维机器人等
功能	Excel 处理机器人、邮件处理机器人、浏览器处理机器人等
自动化程度	全自动化机器人（又称无人看守机器人或 24 小时工作制机器人，机器人按照预先设置好的程序运行，过程中无须人工干预），半自动化机器人（又称有人看守机器人或辅助机器人，机器人运行过程中需要人工参与，如客服机器人接听到客户电话后才会触发，根据客户电话中的语音指示来帮助客户完成一系列业务办理）

（续）

分类方式	分类内容
安装环境	物理电脑机器人、虚拟电脑机器人
部署方式	单机版机器人、传统 C/S 架构机器人、云机器人
技术框架	基于微软的 .NET Framework 框架，基于 Python、C、C++、Java、Go 等语言的程序框架

2.3　RPA 产品三件套

目前市面上大多数 RPA 产品采用 DCC 结构，即 RPA 三件套——编辑器、控制台、执行端。编辑器运用可视化流程拖曳设计、操作录制等技术，设计和构建机器人流程，是 RPA 的规划者；控制台通过统一的管理后台来管理、调度、监控机器人任务的执行情况，结束了传统单机运行模式，开始向大型机器人集群、多任务管理模式转变，是 RPA 的管理者；执行端按照控制台的要求执行编辑器预先设计好的流程，是 RPA 的执行者。

2.3.1　编辑器

编辑器，也称设计器，主要用于流程开发、调试、代码共享、部署，类似于 Java 程序员使用的 Eclipse 或 IntelliJ IDEA。区别在于 RPA 的编辑器提供了便捷的方法和简单的操作页面，可通过拖曳控件和绘制流程图的方式开发 RPA 应用，并且支持目前主流的程序开发语言，例如 Python、Java 等。可视化的设计方式极大地降低了 RPA 的使用门槛，使得企业中的每个人都可以参与到自动化流程的设计中，促进了 RPA 在产业中的大范围应用和落地。通过编辑器可以快速实现对各种业务流程的自定义设计，并能在短时间内快速实现 RPA 流程的设计、调试和部署工作。

编辑器一般会包含组件设计和流程设计两大模块。

1. 组件设计模块

组件设计模块的主要作用是将业务流程中的每个功能模块独立实现，例如邮件发送组件、打开 IE 浏览器组件、Excel 文件处理组件等，对于业务流程中涉及的多个应用或者系统，对每个应用或者系统的自动化实现都可以独立为一个组件。组件设计模块通常包括如下几个方面。

1）程序语言支持功能：支持目前主流的程序设计语言，如 Python、Java、Visual Basic 等。为了降低 RPA 工具的使用门槛，有些 RPA 厂商还提供中文语言开发工具和英文语言开发工具。

2）页面元素采集工具：通过控件完成页面元素的采集，自动生成自动化脚本语言，例如浏览器网页 HTML 元素的获取、Windows 操作系统大部分软件应用界面元素的采集。通过页面元素采集工具可以降低开发难度，大幅提高开发效率。

3）组件调试工具：通过可视化调试工具可以快速分析组件的语法错误和运行结果。

4）参数设置功能：设置组件运行时需要的参数。

5）常用组件模块：很多 RPA 厂商都集成了多个自动化应用场景经常用到的组件模块，方便用户使用，这个功能也是 RPA 产品的优势之一。例如 RPA 一般会免费提供面向浏览器、办公软件、邮箱、数据库、文件类的操作等常用功能的组件模块。

6）第三方平台接口集成：如 OCR[⊖]、NLP[⊜]应用等。

2. 流程设计模块

流程设计模块主要是通过拖曳控件的方式将一个或多个组件连接起来，形成完整的业务流程。流程设计模块的可视化可以让开发者或设计者更直观地看到业务流程的全貌，高效地完成业务流程逻辑的设计。流程设计模块一般包括如下几个方面。

1）流程设计工具：通过可视化的图形界面，按照业务流程连接控件，实现完整的自动化流程，通常控件包括组件控件、开始控件、结尾控件、逻辑控件、循环控件、格式转换控件等。

⊖ OCR（Optical Character Recognition，光学字符识别）。

⊜ NLP（Natural Language Processing，自然语言处理）。

2）流程调试工具：通过可视化调试工具可以快速分析流程中的异常错误和运行结果。

3）机器人执行端选择功能：可以从机器人集群中选择某个或某几个机器人来运行设计好的流程。

4）参数传输设置功能：设置流程运行的参数。

5）流程运行异常展示功能：通过可视化页面展示流程异常并处理。

3. 组件设计模块和流程设计模块的关系

流程设计模块用于表达业务流程逻辑，组件设计模块负责实现具体的业务功能。流程设计模块就像一列火车，组件设计模块是车厢，每一节车厢都有特有的功能，有提供座位的车厢，有提供卧铺的车厢，有提供餐饮的车厢。流程设计模块是由组件设计模块按照具体规则组合而成的，流程设计模块是组件设计模块的宏观表现。

2.3.2　控制台

控制台，也称服务器，是 RPA 的统一管理平台，用于对 RPA 机器人进行整体的运作和管理，如机器人管理、权限管理、调度管理、远程管理、监控管理等。控制台的主要作用是合理规划机器人任务、调度、运营、监控以及分析机器人的工作状态。很多 RPA 厂商的控制台也具备日志查看、录像回播、运行报表展示等功能。控制台一方面用来调度和运作 RPA 机器人，一方面用来监控和展示 RPA 机器人的运行情况。

控制台通常包含如下功能。

1）机器人管理功能：管理 RPA 机器人集群，按照区域、功能划分 RPA 机器人。

2）权限管理功能：管理个人权限、部门权限、功能查看及编辑权限等。

3）调度管理功能：负责任务调度、任务排序、运行时间安排、运行频率安排、分配机器人执行端等。

4）远程管理功能：可以远程管理机器人执行端，随时查看机器人执行端的运行情况。

5）运行管理功能：可手动启动或停止 RPA 运行过程。

6）监控管理功能：监控机器人空闲状态、机器人运行情况、流程运行情况。

7）日志功能：记录机器人运行日志，可随时通过查看或下载日志对机器人运行过程进行分析。

8）录像功能：记录机器人运行界面，可回播或者下载机器人运行情况的录像。

9）报表展示功能：机器人运行状态报表展示、自动化流程具体运行情况报表展示等。

10）上传文件功能：可以上传定制化的节假日文件或触发机器人运行的参数文件等。

11）异常处理功能：机器人运行异常报警、自动或手动恢复机器人运行状态等。

2.3.3　执行端

执行端，也称 RPA 机器人（代理端），是部署在计算机物理终端或者虚拟机终端，用于执行具体指令任务、记录执行过程的应用程序。根据实际业务场景的不同，执行端的安装环境、部署方式以及任务调度方式都会有所不同。

1）安装环境：支持物理机、虚拟机。

2）部署方式：支持单机版部署、服务器部署、云服务器部署。

3）任务调度方式：一般包括固定时间启动（如每天上午 10 点启动）、每间隔一段时间启动（如每间隔 5 分钟启动 1 次）、由事件触发启动（如检查到某个事件发生后启动）等。

2.3.4　编辑器、控制台、执行端之间的关系

编辑器依托程序开发语言、控件、页面元素抓取工具来完成业务流程的开发和设计。控制台负责任务调度、流程分发、机器人管理、报表展示、运行监控和管理。执行端负责执行具体的任务指令。

通常情况下由控制台提供库和资产给编辑器，编辑器进行流程设计，设计完成

后交给执行端进行流程测试。编辑器将流程发布到控制台上，由控制台管理和分发任务给执行端，执行端执行完成后将结果反馈给控制台，三者的关系如图 2-1 所示。

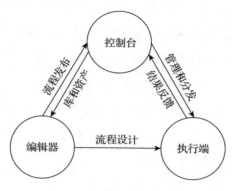

图 2-1　RPA 三件套关系图

2.4　RPA 行业发展现状及产品选型

RPA 产品早在 2000 年便以"按键精灵"的形式出现，多用于游戏、办公软件等桌面级应用。自 2003 年 Blue Prism 推出第一款自动化产品起，国外 RPA 市场逐渐出现以 UiPath、Blue Prism 和 Automation Anywhere 为代表的 RPA 巨头。2015 年后，国内大批 RPA 厂商成立，金融科技厂商、AI 厂商也在这个阶段开始进军 RPA 领域。随着早期厂商在市场上的宣传和产品拓展，自 2018 年起，更多企业开始认知并接纳 RPA 带来的价值，RPA 行业在国内开始处于蓬勃发展期。下面分别从 RPA 产业链、RPA 行业典型厂商、RPA 生态和 RPA 产品选型策略 4 个方面来介绍 RPA 行业。

2.4.1　RPA 产业链

随着 RPA 概念的兴起，围绕 RPA 已形成一套完整的产业链，RPA 产业链中的不同玩家各具优势，企业之间有竞争，也有合作。

从当前市场看，RPA 产业链包括 RPA 厂商、AI 厂商、云计算厂商、RPA 集成商、

RPA 咨询实施方、垂直领域 RPA 厂商、RPA 需求方等。其中多数 RPA 厂商专注于自主研发 RPA 产品，并与第三方 AI 技术公司合作进行技术融合；少数 RPA 厂商具备自研 AI 的能力；AI 厂商和云计算厂商通过"RPA+"的方式来拓展自身企业的 AI 技术和云计算输出场景；RPA 集成商则看到了 RPA 的市场价值，通过 RPA 产品来丰富自身的产品类型；RPA 实施咨询方通过与 RPA 厂商合作，为 RPA 需求方提供解决方案和实施服务，形成自己的商业生态；垂直领域的 RPA 厂商专注于特定领域的 RPA 产品；RPA 需求方是希望通过使用 RPA 产品实现数字化转型的政企组织。

国内外 RPA 厂商百家争鸣，表 2-2 列举了 RPA 产业链中各赛道上具有代表性的部分头部企业。

表 2-2　RPA 产业链部分头部企业

类　型	说　明	具有代表性的企业
RPA 厂商	大多专注于深耕 RPA 产品技术，产品成熟度高，通用性和稳定性方面优势较强	国外：UiPath、Automation Anywhere、Blue Prism 等 国内：来也、艺赛旗、金智维、云扩科技、容智信息、弘玑等
AI 厂商	通过 RPA+AI 为 RPA 应用提供更强的 AI 能力	达观数据、实在智能等
云计算厂商	提供云计算输出能力	阿里云、华为云等
RPA 集成商	RPA 作为该公司集成的产品之一，并不是该公司的核心业务或唯一业务	用友、金蝶等
RPA 咨询实施方	与 RPA 厂商战略合作，具备 RPA 解决方案咨询和实施的能力	德勤、普华永道、安永、毕马威等
垂直领域 RPA 厂商	垂直领域敏感度高，竞争优势明显	平安科技、宏燊软件等
RPA 需求方	RPA 产品最终的使用方	金融企业、物流企业、制造企业、政府机构等

2.4.2　RPA 行业典型厂商

目前市场上的 RPA 产品很多，表 2-3 罗列了国内外部分具有代表性的 RPA 产品的特点和优势。

表 2-3　RPA 产品特点及优势

厂商名称	产品特点	产品优势
UiPath	以"人手一个机器人"为目标，借助 AI 打造端到端超自动化平台	RPA 编辑器针对不同角色推出不同版本：通用编辑器 StudioX、开发人员编辑器 Studio、专业编辑器 Studio Pro RPA 流程挖掘工具功能丰富，共推出 4 款挖掘工具：自动化门户、流程挖掘、任务捕捉、任务挖掘
Automation Anywhere	以新一代云端 RPA 平台打造智能数字化劳动力解决方案	产品的交付及运维均在云端完成，部署周期短并可按需扩容，无须更改现有业务流程即可敏捷部署，无须更改任何基础业务系统即可灵活应用。旗下提供多种产品 Discovery Bot：以 AI 驱动的流程提升自动化周期速度 IQ Bot：进行智能文档处理 Bot Insight 平台：实时自动完成运营和商业智能分析 Bot Store：预构建大量机器人，满足多样需求
Blue Prism	将人力和数字劳动力结合起来，释放员工去做更有质量的工作	推出基于 SaaS、云部署、混合部署、本地部署等的多种 RPA 部署环境，并集成人工智能和机器学习打造未来的数字化企业
来也	RPA+AI 助力政企实现智能时代人机协同	UiBot RPA 产品主要包含 RPA 三件套 +AI，为 RPA 机器人的生产、执行、分配、智能化提供相应的工具和平台 智能对话机器人平台"吾来"功能强大，无须编程和部署，可快速上线
艺赛旗	专注 RPA 技术，搭建 RPA 生态快速实现自动化服务	典型的 RPA 三件套，使用便捷；与 AI 厂商战略合作，一起打造 RPA+AI 生态
达观	以 AI 为基础，RPA 作为应用输出	自研 AI 能力突出，拥有领先的智能文本处理技术
华为	RPA+AI + HiLens 端云协同智能自动化解决方案	产品安全可信，特别适合政企领域自动化的快速应用与规模推广

2.4.3　RPA 生态

RPA 概念从 2019 年开始在国内迅速升温，被很多风投认为是新风口，国内的 RPA 厂商数量也出现井喷式增长，各家公司宣传的 RPA 产品看起来大相径庭，实际上使用的底层技术大同小异，因此如何提高 RPA 产品的竞争力，体现企业的自身优势，就变得尤为重要。目前很多 RPA 企业通过发展 RPA 周边产品或者与 AI 厂商合作来提高 RPA 产品的丰富度，扩展 RPA 产品的应用场景以获取更大的市场占有率。企业通过 RPA+AI 的方式加速构建自己的智能化生产力，提升业务效率，降低运营成本，通过各业务流的智能自动化再造全新客户价值。

RPA 厂商除了不断拓展 RPA 三件套的能力，也着手布局 RPA 生态以提高企业的核心竞争力，以下为 RPA 生态布局的 6 种常见方式。

1. 提供免费培训

当前 RPA 产品五花八门，各厂商的产品标准不一，产品安装、流程开发、流程部署和流程运行监控方式也不同，很多厂商通过举办免费的线上 / 线下 RPA 产品说明会、应用交流会、入门级培训课程等，为 RPA 学习者提供了解和学习 RPA 产品的途径。

2. 资格认证

有些 RPA 厂商提供资质认证的培训，参加认证的学员通过系统化课程的学习，掌握该厂商 RPA 产品的相关知识和构建、管理流程的方法，在资质认证考试合格后，获得该厂商颁发的 RPA 资质认证证书。RPA 厂商通过建设资质认知体系，一方面宣传了自己的 RPA 产品，另一方面也可鼓励更多用户使用该厂商的 RPA 产品，并帮助有实施需求的企业快速寻觅特定的 RPA 人才。

3. 建立 RPA 开发者社区

软件产品的成功除了依赖产品自身的高质量外，还依赖广大软件开发者的支持。RPA 厂商通过打造开发者社区，搭建统一的案例分享和问答平台，配合多种激励策略，鼓励普通用户在线提问和在线答疑，或分享实际工作中的 RPA 应用场景和案例。一个健康、开放的开发者社区不仅可以帮助企业减少技术咨询方面的售后成本，同时也可以及时了解用户的实际需求和使用体验，不断升级和优化产品的功能，提高产品的质量。

4. 建立 RPA 应用商城

通过建立 RPA 应用商城，将 RPA 服务以接口或插件应用的方式给用户调用，可为企业增加营收。此外，通过积分奖励的方式鼓励普通开发者在平台发布自己的应用，进一步扩充应用商城可供用户调用的服务类别和范围，从而帮助 RPA 厂商增强用户使用黏度，增加开发者对 RPA 产品的支持，并在一定程度上减少了企业的开发、维护成本。

5. 提供 RPA 云服务

通过 RPA 云服务，企业不用搭建本地部署环境就可以直接设计自动化业务流程，并可随时发布流程，实现与生产环境的无缝对接。SaaS 云服务还提供了一系列常见业务的 RPA 服务，帮助没有能力搭建本地软件服务架构的小微企业提升业务上线的效率。有些 RPA 厂商还能根据客户的需求，提供公有云、私有云或者混合云的个性化部署方案。

6. 与第三方 AI 企业合作

RPA 和 AI 过去被认为是两个独立的领域。RPA 作为流程自动化软件，帮助企业处理单一、重复和标准化的业务流程，受标准化特定场景的制约，在针对复杂业务场景的快速落地时仍然存在困难。

与 AI 能力的结合，可以提升 RPA 感知非结构化数据的能力以及识别复杂元素的能力，帮助 RPA 提升易用性；AI 可以理解组织内的决策，并应用大数据分析来制定围绕这些决策的规则，以处理更复杂的业务环境。

现在 RPA 与 AI 的关系如同人的手脚与大脑的关系，RPA 根据指令执行任务，而 AI 更倾向于进行数据分析及发布指令。RPA 与 AI 的完美结合能最大程度发挥两者的优势，很多 RPA 厂商正与 AI 技术研发商达成战略合作，力争实现双赢。

2.4.4 产品选型策略

当企业决定使用 RPA 产品来快速实现流程自动化时，首先要挑选合适的 RPA 产品。RPA 产品的选型一般考虑两个方面——企业自身和 RPA 产品。企业自身一般需要参考企业规模、所属行业、RPA 需求场景；RPA 产品一般参考市场占有率、RPA

产品功能、技术架构、开发及部署方式、运维监控能力、AI 能力、产品生态、大型项目经验、行业项目经验、RPA 成本、项目交付能力等。

1. 企业自身

（1）企业规模

不同规模的企业对于 RPA 产品的选择在采购预算、需求特征、产品功能上存在一定的差异性。按照规模大小和企业所属领域，可将企业分为大型企业、中型企业、小型企业和特定领域企业。

1）大型企业。大型企业 IT 支出预算较多，组织架构复杂，跨部门协同工作多，RPA 需求场景复杂，并在服务实施过程中要求能够保证交付质量和降低后期维护成本，因此对产品和服务实施能力的要求更高，更倾向于能够提供复杂应用场景解决方案的厂商。

2）中型企业。中型企业处于快速发展阶段，市场敏感度高，要求 RPA 产品能快速为企业带来帮助，因此在产品的选择上更倾向于 RPA 技术成熟、功能丰富的厂商。

3）小型企业。小型企业本身受制于企业规模和员工数量，需求相对简单，对成本控制较为敏感，可考虑安装和部署较为灵活的 SaaS RPA 产品。

4）特定领域企业。特定领域企业受限于自身领域应用场景，RPA 需求场景单一，但要求在该领域有一定经验和技术积累，可以考虑在某个领域落地项目比较多、有较多经验的 RPA 厂商。

（2）所属行业

不同行业的企业对 RPA 的需求场景不一样，例如银行对数据安全有非常高的要求，同时一般要求私有化部署；互联网企业可能对 RPA 的技术架构有一定要求，需要 RPA 的技术架构能和 IT 产品架构高度适配。

（3）RPA 需求场景

不同的 RPA 需求场景对 RPA 产品的能力要求不一样，有的 RPA 需求场景复杂，有的 RPA 需求场景简单。例如 RPA 需求场景中涉及 AI，那么就要求 RPA 具备一定的 AI 能力；有的需求场景对稳定性要求高，则要求 RPA 产品可以具备异常报警或多次运行的功能。

2. RPA 产品

（1）市场占有率

市场占有率体现了市场对 RPA 产品的认可程度，是评价企业资质的一个重要标准，市场占有率高意味着企业与同业之间比较，自身的产品在某些方面具备一定的优势。

（2）RPA 产品功能

RPA 产品功能是客观衡量一个 RPA 产品的重要指标，RPA 产品功能一般包含 RPA 三件套、RPA 流程挖掘工具等，RPA 产品功能的丰富度及稳定性决定了 RPA 的应用范围以及 RPA 产品的体验。

（3）技术架构

RPA 技术架构包括底层编程语言、接口扩展能力以及与其他软件的交互能力。技术架构与 RPA 产品使用者的编程能力息息相关，也要考虑到与企业自身 IT 技术架构的匹配度，进行 RPA 产品选型时技术架构也是一个重要因素。

（4）开发及部署方式

RPA 的开发方式决定了使用者的角色，目前市面上的一些 RPA 产品支持低代码或零代码的开发方式，适合非 IT 技术人员使用。RPA 的部署方式包括传统的本地服务器部署（私有云部署）、云服务器部署（公有云部署），企业需要参照自身的部署需求来选择合适的 RPA 产品。

（5）运维监控能力

RPA 产品的运维监控能力也是企业需要考虑的重要因素。RPA 对运行环境有很强的依赖性，不同的运行环境会对 RPA 运行稳定性造成一定的影响。优秀的运维监控能力能在 RPA 运行发生异常时自动恢复或主动将任务分发给其他机器人执行，迅速发送告警反馈问题，并记录详尽的日志帮助用户定位问题，可快速重启流程，以保障流程的持续稳定性。

（6）AI 能力

RPA + AI 是目前 RPA 产品的发展趋势，RPA 产品的 AI 能力是 RPA 场景在更加复杂的应用场景中落地的关键。

（7）产品生态

RPA 产品生态包括 RPA 厂商的产品售后服务能力、培训与资质认证、开发者社区、RPA 应用商城等。RPA 产品生态是衡量 RPA 厂商产品持续迭代创新能力和扩展能力的标准之一。

（8）大型项目经验

RPA 厂商是否有大型项目的落地经验也是企业在进行 RPA 产品选型时需要参考的重要标准，尤其是对于 RPA 场景相对复杂的大型企业，具有大型项目落地经验的 RPA 厂商拥有更多实施 RPA 复杂场景的经验，可以保障企业 RPA 复杂项目的落地。

（9）行业项目经验

很多行业都存在一些独有的特点，例如银行等金融行业对数据安全性、私有化部署以及监管审计的要求高，RPA 厂商的行业项目经验也是企业进行 RPA 产品选型的参考标准之一。

（10）RPA 成本

由于企业引入 RPA 的一个原因就是降本增效，因此 RPA 成本也是很多企业在引入 RPA 产品时需要考虑的因素。RPA 成本包括 RPA 三件套、许可证费用、研发费用、培训费、云计算机执行端费用等。

（11）项目交付能力

项目交付能力体现了 RPA 厂商的项目实施能力和执行能力，项目交付能力高的 RPA 厂商可以更快速、更准确地完成 RPA 项目的交付。

在产品选型时还会面临选择国产产品还是国外产品的问题。国产 RPA 产品主要服务于国内客户，有政策支持，理解国内的个性化需求，具备良好的本地化支持能力。而选择国外 RPA 产品能满足不同行业、国家和地区的应用需求，更符合企业全球化扩张的战略目标，但需要考虑国家政策和国际因素的影响，可能会存在国际网络通信不稳定导致产品不稳定的风险，以及国际贸易关税、汇率因素等导致的成本风险。

以上分别从企业自身和 RPA 产品两方面阐述了企业在进行 RPA 产品选型时需要考虑的因素。在实际的选型过程中一定还存在其他需要考虑的因素，企业不仅需要结合自身的特点，也要综合考虑 RPA 产品的功能和厂商的支持能力、市场发展趋势、技术发展趋势等因素，不同的企业应根据自身的发展需求设置合理的产品选型标准，选择一款或多款适合自己的 RPA 产品。

2.5　本章小结

本章首先介绍了 RPA 产品的发展过程，从多个维度对 RPA 产品进行了分类，并详细阐述了市面上的主流 RPA 产品三件套的结构、功能、运作原理及三者的关系。之后从 RPA 行业发展的角度介绍了 RPA 产业链的构成、典型 RPA 厂商各自的产品特点和优势，以及各厂商如何构建自己的 RPA 生态。最后介绍了企业如何进行 RPA 产品的选型。

希望本章能帮助读者对目前市场上的 RPA 产品、RPA 行业的发展现状有一个快速的了解，为企业顺利、正确地挑选适合的 RPA 产品提供指导和借鉴。

Chapter 3 第 3 章

企业的 RPA 数字化转型之路

如今，大多数企业都结合自身业务发展情况，通过为多条业务线搭建多套管理系统，实现业务数据的集中存储与管理，从而走上企业数字化转型的道路。员工日常办公通过访问各个业务系统，进行在线数据录入、编辑与查询，以及各类报表的查看。然而，随着业务系统越来越多，若企业前期对数据治理没有一个很好的规划，数据孤岛的问题就会日益严重。不同系统之间的数据不同步，导致数据不一致，不少系统通过不同厂家采购或定制开发，采用的底层开发技术不尽相同，为后期系统的维护和接口开放、对接带来了极大的挑战。

RPA 可模拟员工登录系统完成指定业务操作，并且以非侵入式的特点连接多个异构系统，打破数据孤岛。同时，结合机器学习、人工智能等技术可实现诸多智能化场景应用。越来越多的企业发现 RPA 可以快速、经济、高效地实现业务目标，感受到了 RPA 的优势，意识到了 RPA 是企业数字化转型的催化剂，决定开启 RPA 之旅，通过 RPA 推动企业数字化转型。

RPA 之旅，又被称为自动化旅程（Automation Journey），是指企业了解 RPA、实现 RPA 以及运营 RPA 的过程。本章首先简单介绍企业自动化的 3 个层次；然后围绕企业 RPA 数字化转型的 4 个阶段，分别介绍各阶段的任务和目标，让读者对 RPA 各阶段的工作有整体的认知；接着介绍 RPA 数字化转型成熟度模型以及实施 RPA 项目的各类团队成员及职责；最后介绍 RPA 项目管理，分享团队内部和跨团队管理的最佳实践。希望本章能帮助读者更好地理解自动化旅程，助力加速扩展企业 RPA 规模，让企业尽快达成数字化转型目标。

3.1　企业自动化的 3 个层次

在深入了解企业 RPA 数字化转型的 4 个阶段之前，我们先来了解企业自动化的 3 个层次。为了实现自动化，可将流程划分为 3 个层次——任务自动化、流程自动化和全企业流程自动化，如图 3-1 所示。

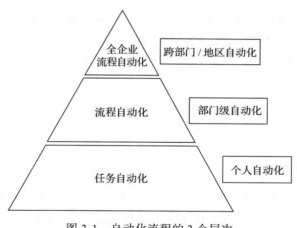

图 3-1　自动化流程的 3 个层次

底层任务自动化是一个任务相对简单的自动化流程，这些任务通常由员工在自己的岗位上完成，只涉及员工自己。

中间层流程自动化是部门级流程，这些流程包含在一个部门内，例如财务部门的月底结算，涉及同一部门内的多名员工，流程从相对简单到相对复杂。

顶层全企业流程自动化是企业范围内的自动化流程，这些流程跨越多个部门，涉及多人，通常较复杂，在实现自动化的同时需要重新设计优化原流程，而且往往使用多种自动化技术。流程自动化不仅消除了人为错误，而且由于是单一的连续流程，因此大幅减少了执行时间，提高了跨部门协作效率。

企业数字化转型主要围绕自动化流程的这 3 个层次自底向上螺旋上升，企业RPA 实施的最终目标是高效地为所有部门和地区的所有流程和任务实现自动化，以大幅提升生产力。

3.2 企业 RPA 数字化转型的 4 个阶段

企业 RPA 数字化转型可分为认识阶段、试点阶段、扩展阶段和转型阶段 4 个阶段。目前，我国国内大多数中小企业还处在业务系统的搭建阶段，企业内部业务流程还有待规范，尚未到达认识或试点阶段；国内部分大型企业，特别是金融、银行、保险行业，以及部分先进制造业企业，已开始通过 RPA 助力企业数字化转型，处于扩展阶段。

3.2.1 认识阶段

初识某个新名词或技术，总有一个契机。企业认识 RPA，可能是因为公司领导在某行业信息系统交流会议上听了同行的案例分享，也可能是因为采购部门在做 IT系统采购时看到了供应商的解决方案中采用的 RPA，又或是因为收到了新闻、广播等媒体的宣传信息。有敏锐嗅觉的企业家或企业高管总能抓住这些契机，结合企业自身运营现状，了解新名词或技术背后的意义，并思考能否为企业带来价值。

认识 RPA，也可能是因为在推动办公自动化的过程中，业务人员对日常工作中简单、重复又耗时的任务提出了自动化需求，IT 部门在响应这些需求的过程中了解到了 RPA 这一概念。

对 RPA 的认知，无论企业高层，还是基层业务人员，都是从最简单的概念开始：

RPA 是什么？ RPA 与已实现的办公自动化有什么区别？与利用工作流引擎来实现的自动化又有什么区别？ RPA 机器人与工厂里的机器人一样吗？它算是一种人工智能技术吗？它究竟能代替人类做哪些事情？

想要弄清楚这些问题，最简单的方法是直接寻找几家大型 RPA 厂商，索要产品白皮书，听取产品介绍和案例分享。也可以寻找拥有丰富 RPA 项目实施经验的 IT 服务供应商，获取更多成功实施案例，并将多家 RPA 产品的信息进行多维度比对。

企业在 RPA 认识阶段的主要任务如下。

1）了解 RPA 在各行业中的应用场景，特别是自身企业所处行业的应用场景。
2）理解 RPA 的概念、特点和优势。
3）了解市面上多款 RPA 产品的特点、流程开发方式、部署方式、价格等。
4）参考其他企业的 RPA 实施案例，探讨企业或部门是否也希望引入 RPA。

3.2.2　试点阶段

若企业计划引入 RPA，便进入 RPA 试点阶段，企业通常会通过一个试点项目实现某一任务的自动化，加深对 RPA 技术实现和运行模式的理解。

企业在试点阶段的主要任务如下。

1）创建一支初始化 RPA 团队。
2）选择一个真实的业务场景，将其作为 RPA 的试点对象。
3）选用 RPA 产品对该业务场景进行概念验证及自动化实施。
4）初步评估 RPA 的投入产出比。

最初的 RPA 团队通常由从 IT 部门挑选的 2～3 名员工组成，项目经理负责试点流程的需求梳理与分析，以及试点项目的进度管理和汇报工作；软件开发工程师负责对 RPA 产品的技术层面进行评估。

这一阶段通常会先进行概念验证，最好能试用多家 RPA 产品和技术平台来对同一试点流程进行开发、验证和部署。流程的实施工作可以由 IT 部完成，也可以由 RPA 合作伙伴负责。好的 RPA 合作伙伴可以帮助企业梳理、识别 RPA 流程，产业成熟的自动化开发框架、测试、部署、运营等全套的 RPA 最佳实践指导，为企业下一阶段的 RPA 扩展打好基础。

试点阶段候选流程的挑选可以先从某部门某个岗位员工的日常任务开始，挑选那些须频繁访问某一特定系统、操作步骤固定、逻辑不复杂、典型的业务场景，这才有概念验证意义，且该任务自动化试点成功后可复用于其他类似流程的任务。

试点项目的实施周期一般为 1~3 个月。试点项目上线前，RPA 团队应对流程受用者进行简单的操作培训。试点项目上线后，RPA 团队一方面须尽快收集业务部门的使用反馈，持续监控试点流程的运行稳定性和流程处理性能情况，监控系统日志，对流程异常中断进行修复和优化；另一方面，须对 RPA 流程的实施成本和试点项目为业务部门所带来的收益分别进行评估，并向企业高层汇报。

试点项目成功后，若得到了企业高层的认可和政策、资金上的支持，便可以适当在企业内部宣传 RPA 的优势，让更多业务部门的员工了解 RPA，带动普通员工识别日常工作中可交由机器人完成的自动化任务，并将自动化需求提交至各业务部门，经业务部门负责人统一筛选后提交至 IT 部门。

3.2.3 扩展阶段

RPA 团队通过试点项目确立了 RPA 的可行性，并向所有高层和员工展示了自动化对于企业的价值后，可以将 RPA 实施推向扩展阶段。可以在试点项目的业务部门中继续实现跨个人的流程自动化，同时管理者也可以在更多部门中扩展流程。扩展阶段的目标是交付更多部门级别的涉及多人协作的自动化流程，并将已有流程推广至运行类似流程的不同地区的子公司或部门。

1）在扩展阶段，需要加强企业各部门之间的沟通与合作。

❑ RPA 团队需要规范收集自动化流程需求的方法，制定流程记录的统一模板和候选流程优先级排序策略，并传递给各业务部门。业务部门按要求进行统一的流程需求收集、上报工作。

❑ 在流程自动化的开发阶段，应与业务部门保持高效沟通，在开发过程中进行有效的需求变更管控和风险管控，协助业务验收，保障交付质量。

❑ RPA 团队需要进一步扩大，一方面从现有 IT 部门内部转化，另一方面也可以从企业外部招聘一些拥有 RPA 项目实施经验的业务分析师、RPA 架构师、RPA 工程师。RPA 团队负责人需要将各岗位的招聘需求提交到人力资源部门，由人力资源部门进行人才招聘。

❑ RPA 团队在采购部门和财务部门的协助下，完成 RPA 产品、服务器、安全证书等的采购工作。

❑ RPA 负责人需要确定 RPA 应用和推广的方案，由行政部门协助进行宣传和推广。

2）IT 部门围绕 RPA 的定位和发展做好各方面的规划工作和落实工作。

❑ 制定 RPA 项目管理制度、执行方式和沟通分享机制。

❑ 对 RPA 项目团队中每个人应承担的角色和职责进行明确约定，进一步扩充 RPA 团队。

❑ 对 RPA 项目的框架和整体架构进行合理部署和规划，制定代码规范。

❑ 制定有效的测试制度。

❑ 设计、开发、部署和交付各部门的自动化流程需求。

❑ 建立自动化流程的业务指标和技术指标，以捕捉自动化流程的绩效和优势。

❑ 监督和审查自动化流程，注重持续的流程改进。

❑ 构建平台化的机器人集群，以满足机器人的整体管控及灵活调度运行，解决好机器人的扩展和冲突问题。

企业可能有 1～3 年或者更长的时间处于 RPA 数字化转型的扩展阶段。扩展阶段比较大的挑战之一是从大量需求中筛选应该优先实现自动化的流程。一般企业会根据应用场景的技术可行性和投入产出比来筛选候选流程。在扩展阶段初期，先从后端职能部门的需求开始，例如推动财务部门的发票处理、人力资源部门的简历筛选等日常任务实现自动化，然后扩展到业务部门，例如风控部门、计划部门、生产部门等，最后扩大到前端面向客户服务、销售、呼叫中心等领域。

随着机器人数量、流程数量的规模化递增，机器人的应用场景日益扩大，开发模型日益成熟，RPA 团队的交付能力也在逐步提升，根据不同的应用场景，技术团队会逐步将 OCR、NLP 等人工智能技术引入流程实现。

3.2.4　转型阶段

在转型阶段，RPA 项目有两条重叠的轨道，一条是企业会继续为更多的跨部门流程实现自动化，最终目的是实现员工的日常工作几乎或完全不需要手工录入，这样员工就能够专注于价值比较高的工作，从而对业务产生积极影响；另一条是制定自动化优先策略，对普通员工进行 RPA 机器人流程设计的培训，通过赋能员工，让员工能够自主完成简单的桌面自动化流程设计，将个人日常工作中的一些任务交给机器人来完成，让 RPA 交付更敏捷。

在转型阶段，企业需要成立 RPA 卓越中心并不断使其成熟和壮大，对企业所有自动化流程进行端到端生命周期管理，包括集中控制、维护、变更管理、治理和风控，做好合规审核工作，保障企业 RPA 数字化转型的可持续发展。

在转型阶段，企业将搭建自己的 AI 平台，以 RPA 技术为载体，将语音识别、图像识别、文本识别等人工智能技术广泛应用到客户服务、市场营销、生产制造、运营管理等领域，实现企业的智能化升级；充分利用信息系统、机器视觉、传感器，结合 RPA 技术，打通企业数据壁垒，实现数据的开放共享，提升数据智能化应用水平，充分发挥数据的价值。

3.3　RPA 数字化转型成熟度模型

以上介绍了 RPA 数字化转型 4 个阶段的主要任务，虽然这 4 个阶段是以线性的方式陈述，但实际上自动化不可能以这样的方式发生，每个企业都应该按照自己的步调来调整。有些企业可以立即提供全企业的自动化流程，有些企业则可以重点专注于某个业务职能部门。我们可以将这 4 个阶段视为不断发展的阶段，每一个阶段都是建立在上一个阶段的基础之上，同时又是对上一个阶段的强化。

企业可以根据内部 RPA 战略总体规划和 RPA 实施的实际情况，从 RPA 负责人、RPA 流程应用的面向人群、RPA 应用的目标、流程特点、参与 RPA 全生命周期的劳动力模型、RPA 卓越中心成熟度、运行中或正在开发的机器人数量以及员工的参与程度 8 个层面来评估企业当前处于 RPA 数字化转型的哪一个阶段，如表 3-1 所示。

表 3-1　RPA 数字化转型成熟度模型

	计划 / 试点阶段	扩展阶段	转型阶段
负责人	RPA 项目经理	IT 部门经理	RPA 卓越中心负责人
业务面向人群	后端职能部门	企业各部门 / 分公司	全体员工
流程特点	实现个人任务自动化	实现部门内跨个人流程自动化	实现跨部门流程自动化，普通员工自行开发自动化任务
目标	了解 RPA 的应用边界以及 RPA 产品和技术	建立开发规范、扩大应用场景	以 AI 为载体，实现企业的卓越运营并赋能员工
劳动力模型	RPA 项目经理和 RPA 开发工程师	RPA 项目经理、RPA 业务分析师、RPA 架构师、RPA 开发工程师	RPA 项目经理、RPA 业务分析师、RPA 架构师、RPA 开发工程师、RPA 运维工程师、AI 工程师、普通员工
卓越中心成熟度	无	以业务为重点	以转型为重点
机器人数量（个）	1～2	2～1000	10～100 000
员工参与	流程识别	咨询、流程识别、RPA 验证	咨询、培训、流程识别、流程改进、RPA 开发、RPA 验证和共享

3.4　RPA 项目团队成员及职责

人才短缺是当前企业难以扩展 RPA 项目的原因之一。

流程自动化从识别开始到生产监测自动化结束，通常有发现与规划、需求调研、流程详细设计、流程开发与测试、验收与发布、运行监控与评估和迭代 / 退役七步，可以根据这七步来评估自动化所需的人才。前两步是业务性质的。后五步是技术性质的。总体来说，企业需要三类人才：业务型人才、RPA 技术人才和其他 IT 人才。

1. 业务型人才

1）RPA 流程主题专家：负责在前两步提供意见，以确定能够实现自动化的最佳流程。

2）RPA 业务分析师：负责与流程主题专家交流，并能详细了解流程、业务以及一些技术要求（由 RPA 解决方案架构师提供支持）。由于分析师对 RPA 有很好的了解，因此能够发现哪些内容可以实现自动化，并在必要的时候重新设计流程，使其更适合自动化。

3）敏捷大师：自动化项目经理，能按照敏捷思维，监督团队的整体实施，既有丰富的技术知识和业务理解能力，又有项目管理能力。

2. RPA 技术人才

1）RPA 解决方案架构师：与 RPA 业务分析师和 RPA 开发人员携手合作，确保 RPA 工作流程设计可靠，并符合所有技术规定。

2）RPA 开发人员：基于所选择的技术，在 RPA 解决方案架构师的监督下开发工作流程，参与用户验收测试步骤，并负责上线技术支持。

3）RPA 流程运营人员：任务是监测机器人，对问题进行预警，在 RPA 解决方案架构师的帮助下进行问题根源分析，积极进行产能管理，并提供运营支持报告。所需技能与高级 RPA 开发人员类似。

4）IT 基础设施专家：负责 RPA 的 IT 基础设施的运维工作，建立、维护、测试开发机器人所需的环境，并且作为 IT 职能部门的主要联络人，随时了解 IT 底层应用和未来版本的变化。

3. 其他 IT 人才

1）安全专家：确保 RPA 实施符合企业的安全与审计要求，并防止在未来违反安全规定。

2）大数据工程师：进行企业底层元数据架构设计、数据清洗、数据建模、数据仓库建设，支持 RPA 流程相关 BI 报表的开发。

3）AI 人才：能够调用 OCR 接口进行图像识别，或使用深度学习框架等进行语音识别、语义挖掘等，为 RPA 场景赋予 AI 能力。

上述提到的各类人才可被认为是 RPA 团队中的不同角色。角色是能力、权力和职责的集合。角色与人的关系可以是多对一，也可以是一对一，团队主要根据各角色的不同能力，以及企业当前所处的 RPA 发展阶段和待交付流程的技术需求来组建。

在实践中，特别是在早期，一些角色可以由同一人兼任。当 RPA 项目规模扩大时，需要进行分工。根据自动化流程的复杂程度，一位 RPA 开发人员每年只能开发 10～15 个自动化流程，很明显，要想扩大规模，企业需要有一个周密的计划来吸纳更多的人才。有些企业从 RPA 初始阶段就由企业 IT 部门员工来搭建与实施 RPA 项目，然后随着流程需求的不断扩张来逐步扩大 RPA 团队；有些企业可能会寻求外部专业供应商的帮助，来启动和实施 RPA 项目。

无论是自研还是外包，RPA 实施团队必须对主流的各 RPA 产品有所了解，而且有丰富的技术栈，同时需要有一套完整的 RPA 咨询实施运维方法论、一套产品级别的 RPA 开发架构，其中 RPA 插件 / 组件将会起到关键作用。

RPA 实施团队不仅要具备在短时间内开发或找到高可用 RPA 插件的能力，同时还能清楚地知道在什么时候使用它们、如何组装它们。在项目初期，团队就会考虑设计后续实施过程中可能用到的组件，而真正到了实施阶段，更多的时间是在做组装和配置，适配和测试。

1. RPA 工程师

RPA 开发人员通常在精通技术的业务用户和 IT 人才中招聘。RPA 工程师的工作职责如下。

1）根据需求，设计、开发和测试自动化流程。

2）负责生产维护、支持和问题排查。

3）与业务分析师并肩工作，一起记录流程详细信息。

4）进行代码评审工作。

5）评估自动化的持续性。

6）与架构师一起设计自动化流程，支持 RPA 解决方案的实施。

7）在计划和设计阶段评估流程实现的复杂度。

8）对实施的解决方案文档化。

9）输出流程详细设计文档。

10）开发仪表盘以进行性能监控。

UiPath 2020 年的调查报告显示：70% 的 RPA 工程师有至少 2 年的 RPA 开发经验，但超过 5 年 RPA 开发经验的工程师只有 5%；79% 的 RPA 工程师拥有各类 RPA 认证，在拥有证书的人员中，96% 的人拥有 UiPath 认证；平均每位 RPA 工程师掌握 3～4 门编程语言，包含但不限于 SQL、VB、VBA、.NET、C#、Python、C/C++、JavaScript、Java。

根据 RPA 开发的特殊性，自动化流程的效益特点强调短平快，在实施的时候基本都是单兵作战，那么 RPA 人员所具备的知识就必须要全面，一名合格的 RPA 工程师需要对技术栈、IT 系统应用和网络三方面都有所了解，不需要每样都精通，但要熟悉。

（1）技术栈

1）前端知识：了解 HTTP、HTML、CSS、JavaScript 等前端知识，对网页端进行操纵使用时，能利用 RPA 软件灵活处理网页信息。

2）编程能力：RPA 开发者应掌握至少一种编程语言，有快速编程学习能力和项目经验，拥有快速上手 VBA 和 .NET 技术的能力。VBA 的名气虽然无法和主流开发语言媲美，但是作为微软为自动化 Office 提供的语言，VBA 可用于实现 Excel、PowerPoint、Outlook、Word 的灵活操作，在替代员工日常数字化办公操作方面有大量的应用背景。大部分 RPA 产品编辑器都是基于 .NET 技术开发的,虽然 RPA 软件封装了许多流程组件,功能很全面,但并非万能的,有些流程仍需要用源码去处理。实际编程过程中,自行进行脚本代码开发的方式优于调用封装的组件,一方面可以有更好的稳定性,另一方面程序处理性能会更好。

3)数据库:实现 RPA 与企业各业务系统数据库的交互,掌握常规数据库知识是基础,如在线存储、主键索引、全局锁与表锁、增删改查等。

4)掌握 1~2 种 RPA 产品:需要了解产品的架构、组成部分、功能和优劣势。重点需要掌握开发模块的各个功能,并结合框架和组件做到最优的实现方式。

5)架构:在规定的时间内满足客户对需求的处理,及时考虑高并发和分布式场景,都是保证 RPA 工程实现高效优质的关键。

（2）IT 系统应用

一名合格的 RPA 人员需要了解企业的 IT 基础设施,了解 ERP、CRM、SAP、HR、OA 等应用系统。

（3）网络

实施项目时,懂一些网络知识也是有必要的。了解如何切换网络,使用代理 IP、VPN,还是文件传输 FTP 等,以及如何在 RPA 软件上配置邮箱等,都是一些基本要求。

此外,一名合格的 RPA 工程师还应遵循软件开发的流程和方式,具备解决问题的能力、良好的沟通能力和英语读写能力等软技能,这样才能在 RPA 开发工作中独当一面。良好的沟通能力包含与客户沟通和与团队沟通。和客户之间良好的沟通体现在可以理解客户的业务流程和业务规则,并让客户清楚地了解 RPA 是如何实现的,需要的前提条件和实现结果。良好的团队沟通包含同事之间的技术交流和学习、项目中的相互协作、问题的及时反馈。有效的沟通和表达能促进一个团队的良性发展。

2. RPA 架构师

RPA 架构师的工作职责如下。

1）负责根据业务数据、目标系统、业务流程与规则进行项目可行性分析，并设计项目实施方案。

2）负责规划、搭建企业内部的 RPA 系统平台，设计服务器体系结构，评估部署选项，安装、配置并创建专用的开发、测试和生产环境。

3）定义 RPA 解决方案的体系结构，并对其进行端到端的监督。

4）负责监督生产环境的初始基础设施。

5）准备 RPA 实施，评估开发工作量。

6）制定编码标准和指导方针，进行代码审查。

7）参与开发、测试结果和性能分析并优化解决方案，对工作流组件和可重用性进行定义。

8）制订变更和沟通计划，在团队和项目实施过程中，积极主动推动工作按期、优质交付。

9）负责选择适当的技术工具和功能集，并确保解决方案与企业指南保持一致。

10）与业务部门及用户一起识别业务潜在需求。

RPA 架构师应该具有 5 年以上开发工作经验，熟悉 RPA 工程师的所有技术栈以及业务、IT 系统应用和网络方面的技能。有些流程可能存在高并发操作、大数据量操作需求，或对流程处理性能有高要求，这就需要架构师能了解高并发、高性能的分布式系统设计及应用，了解负载均衡相关知识。在系统设计方面能考虑容错和灾备，并拥有极强的学习能力、良好的沟通技巧和跨职能团队合作经验。

3. RPA 业务分析师

RPA 业务分析师的工作职责如下。

1）发现、分析、梳理和定义用于自动化的业务流程，并输出流程定义、流程图和映射等流程设计文档。

2）优化现有流程。

3）对潜在收益进行详细分析。

4）帮助定位 RPA 流程日常运行中出现的问题。

作为一名 RPA 业务分析师，应该具有特定领域的流程知识，熟悉业务逻辑，具备独立的业务分析能力和客户需求引导能力，能独立承担 RPA 项目的需求分析，了解需求管理的全过程，控制好需求风险；具备良好的需求探问技巧，比如访谈、观察、问卷、文件分析等；具有优秀的表达和沟通能力，掌握精益六西格玛知识，对流程优化和持续改进抱有热情；拥有业务流程图设计能力，精通 Visio、Paradigm 等流程分析工具；熟悉至少一种 RPA 产品，能够遵循 RPA 配置最佳实践。

4. RPA 项目经理

RPA 项目经理的工作职责如下。

1）组织和协调业务部门与技术人员的需求确认。

2）制订项目计划，做好需求变更管理，对项目进度和质量负责。

3）帮助团队做好风险识别和管控措施，解决项目实施过程中的技术瓶颈、资源不足或资源冲突问题。

4）定期进行项目进度汇报、项目总结及人员费用预算。

5）做好所有项目相关的文档管理、文档版本管理和会议纪要工作。

6）组织协调业务部门人员进行流程验收工作。

作为一名 RPA 项目经理，要有良好的项目规划能力和项目管理能力，对项目整体有良好的把控力。熟悉项目管理和流程管控方法，具有一定的敏捷项目管理能力。工作中积极主动，具有良好的沟通能力和逻辑思维能力，并具备优秀的执行力和跨团队协作能力。有些乙方项目经理还需要了解 RPA 产品的特点、部署方式等，承担售前支持的角色，与客户进行方案讲解、产品演示和技术交流等工作。

5. RPA 基础设施工程师

RPA 基础设施工程师的工作职责如下。

1）负责 RPA 产品的安装、环境配置工作。

2）负责 RPA 机器人的发布、升级、监控和维护工作。

3）负责 RPA 机器人的版本管理和配置文档管理工作。

4）对 RPA 机器人的异常中断、告警等问题进行排查与恢复。

5）协助导出业务报表或日志信息，帮助运营或技术排查问题。

RPA 基础设施工程师作为部署团队和运营团队的成员，应熟悉 RPA 产品的本地化部署和云端部署的相关配置，了解网络相关知识，最好具备通过阅读流程文件就能了解业务逻辑的能力，以便流程中断现象发生时知道如何快速恢复。此外，RPA 基础设施工程师应遵守严谨的操作规范，有较强的责任感和服务意识。

3.5　RPA 项目管理

3.4 节介绍了 RPA 的团队成员和职责，本节将主要围绕项目管理，首先介绍传统 RPA 交付和敏捷 RPA 交付两种项目管理方式的特点。然后重点针对 Scrum 管理模型，说明如何应用敏捷思维并结合看板和极限编程进行 RPA 需求管理、计划管理、任务管理和迭代交付管理，介绍 Scrum 团队中的角色和团队组建的方法。最后对如何应用 Nexus 框架来扩展敏捷 RPA 交付进行阐述。希望能帮助管理者在企业大规模 RPA 实施中增强团队协作，实现高效沟通，保障 RPA 的可持续性扩展。

3.5.1　传统 RPA 交付

传统 RPA 交付是指将 RPA 交付过程划分为不同的阶段（如发现、分析、设计、开发、测试、部署和监视），每个阶段代表一个特定的活动，并且后一个阶段依赖于前一阶段的交付成果。

瀑布模型就是该交付方式的经典例子。传统 RPA 交付是非迭代的，也是非增量的，交付进度在各个阶段只朝一个方向前进。对于单个业务流程的自动化，这种开发模型意味着需要将所有流程组件自动化到完全逼真的程度，才能发布整个自动化业务流程。

在流程发现阶段，对于每个自动化流程，由业务部门的流程所有者、流程分析专家参与并输出一份流程设计文档，作为业务部门粗略的初始流程分析。

在流程分析阶段，项目经理组织项目团队（如架构师、开发人员）评估业务流程是否适合自动化，即可行性分析。如果业务流程通过了可行性分析，接下来就与业务人员进行需求详细分析，进一步改进并输出一份详细的流程设计文档，其中包括分步流程说明、流程统计（如事务量、执行时间表）、输入 / 输出自动化范围、业务和应用程序异常、用户角色和权限（如身份验证、授权）、系统安全和隐私威胁评估、系统依赖性和业务收益点（如时间、成本节约）。该文档详细地描述了"原业务"过程。

在设计阶段，开发团队根据流程设计文档创建解决方案设计文档，该文档详细说明了流程的实施方法（如体系结构设计、设计原则、异常处理、可重用组件），用于描述"未来"流程。

在开发和测试阶段，开发人员、测试人员根据流程设计文档和解决方案设计文档进行流程的开发和测试工作，测试通过后部署流程给业务人员使用。

我们可以看到，在整个传统 RPA 交付的过程中，很长一段时间被用于详细规划 RPA 交付的大部分内容，并且在分析阶段，一直到最终验收测试通过将自动化部署到生产环境，流程使用者才真正参与进来。整个设计、开发过程倾向于计划导向，借助分析阶段的流程设计文档来指导整个交付过程。

在实际的开发过程中，经常会发现流程设计文档不完整、不准确、模棱两可，有时甚至与实际情况不一致，这使得交付从一个可预测估量的过程变得不可预测。在流程交付后，业务部门在使用过程中可能会发现开发的流程与实际情况不符，反馈到项目团队后，项目团队成员的感受会是需求一直在变。

传统 RPA 交付方法的本质是抵制变化；交付过程中存在高度不可预测性，并且在没有通过密切合作来提高透明度的情况下，无法降低自动化流程的故障风险，在交付时造成大量返工，会极大影响项目团队对 RPA 流程的交付能力。同时，这类返工由于延迟和成本超支而困扰着 PRA 计划，因此阻碍了 RPA 卓越中心在整个企业中扩展 RPA。

3.5.2 敏捷 RPA 交付

敏捷一词在 2001 年的《敏捷管理》中得到了推广，该宣言基于 12 条原则和下列 4 个核心价值观。

1）个体和互动高于流程和工具。

2）工作的软件高于详尽的文档。

3）客户合作高于合同谈判。

4）响应变化高于遵循计划。

敏捷 RPA 交付并不是某种技术，而是指 RPA 交付的哲学，是迭代式和增量式交付的结合。对于一个业务流程的交付，增量交付是指将一些流程组件一个接一个地自动化到完全逼真的程度，将它们发布，并在下一个版本中自动化其他流程组件。迭代交付是指以低保真度自动化所有流程组件，发布它们，并在下一个版本中提高流程组件的自动化保真度。增量向自动化添加流程组件，迭代意味着改变，转化为自动化中的持续精炼过程组件。敏捷 RPA 交付就是以低保真度一个接一个地自动化业务流程组件，发布它们，逐渐提高它们的自动化保真度，并在下一个版本中自动化其他流程组件。

传统 RPA 交付是一次为整个自动化业务流程开发的活动（如设计、开发、测试、部署），而敏捷 RPA 交付是为自动化业务流程的子集执行所有活动。敏捷 RPA 交付的关键是频繁地生产机器人并根据收到的有价值的反馈进行持续改进。可用的机器人可以理解为最终自动化业务流程的一个子集，为业务部门创造价值。在敏捷 RPA 交付中，没有什么真正被认为是最终的，因为卓越中心总是可以在功能、性能、可靠性、稳定性、安全性、可用性等方面发展自动化。在某种意义上，敏捷 RPA 交付的目标不是交付完美的自动化流程，而是在有限的时间内和资源有限的条件下产出高效、有价值的业务流程，并逐渐减少没有价值的工作。

3.5.3　Scrum + 看板 + XP 项目管理

敏捷交付拥抱"变化"，本节介绍 Scrum + 看板 + XP 组合的项目管理框架，帮助 RPA 团队将敏捷交付的价值观付诸实践。

Scrum 建立在经验主义和精益思想的基础上，核心思想是透明性、检查和自适应。经验主义认为知识来源于经验，并根据观察结果做出决定。精益思维的核心思想是减少浪费，注重本质。Scrum 采用一种迭代、增量的方法来优化可预测性和控制风险，是一种控制不可预知的项目管理框架。

Scrum 团队需要经过一系列实践来实现更稳定、更健康、更可持续的流程，引入看板可以支持和推进持续性软件开发。看板将工作任务可视化，量化开发周期，方便管理和优化流程。Scrum 关注 RPA 交付的管理方面，看板则专注于 RPA 交付流程的持续优化。

Scrum 团队还应在运行 Scrum 和看板的同时辅以 XP（eXtreme Programming，极限编程）实践，这些实践包括结对编程、测试驱动开发、编码标准、设计原则、代码评审、重构和持续集成。团队应该将 XP 实践作为一种改进方法，Scrum 帮助 XP 扩展，XP 帮助 Scrum 更好地工作，通过 XP 实践提高自动化的质量。

1. 业务和技术视角

通常，我们可以将 RPA 交付过程分为 2~4 周迭代，又称 Sprint。每次 Sprint 之后，都会交付一个流程机器人，并在 Sprint 评审期间收集来自业务部门的反馈，从而逐步优化机器人，使得机器人为业务部门创造价值。这种进化、逐步增强的方法不仅适用于机器人的技术实现，还应用于流程设计文档和解决方案设计文档的开发。这些文档无须花费数周甚至数月的时间来计算"可能发生的事情"和"可能相关的事情"的每一个细节，而是以迭代和增量的方式发展起来。这并不意味着没有预先计划，计划更注重大局，而不是每一个微小的细节。敏捷交付强调的是响应变化而不是遵循计划，Scrum 团队根据对业务流程及其相关自动化的了解，不断调整计划。

从业务角度来看，我们把一个跨部门或单个部门内较为复杂的自动化业务流程看作一个 Epic，并对其进行相关的描述。由于 Epic 不能在 Sprint 内完成，因此需要将它拆分成更小、更易于管理和实现的用户故事。用户故事可以根据用户场景被进一步划分为两个或多个用户故事。要保证在流程交付可测量的情况下切割用户故事。举个例子，有一个 Epic 要从发票中提取订单细节、付款条件等数据，我们可以怎样进行用户故事切割呢？考虑到输入的发票可以是不同的格式，如 PDF、Word、图像，在这种情况下，我们可以将用户情景分割为一组用户场景，每个用户情景都处理不同类型的格式。还可以进一步根据发票是结构化数据（如机器编写的发票）还是非结构化数据（如手写的发票）来拆分这些用户情景，然后分析哪些场景的实现对业务用户来说价值更大。在这个案例中，可能采购部门收到的发票中有 92% 是机器编写的 PDF，那么我们就可以优先去实现自动提取 PDF 格式的发票数据这一场景，而不是把所有场景都实现，以防止从一开始就过度设计机器人，避免为几乎没有利益相关者价值的场景投入大量自动化工作。

从技术角度来看，Epic 被分解为一组单独的机器人组件，每个机器人组件反映了一个处理操作（例如访问文件夹 → 读取文件 → 将文件分类 → 提取数据 → 解释数据 → 输入数据）。机器人组件是由某些事件触发的，这些事件可以是用户操作（如键盘敲击、按钮单击）、服务事件（如开始、暂停、恢复），或是数据库事件、电子邮件事件和文件系统事件（如文件添加、修改、删除）。每个机器人组件都是一组对特定事件做出响应的自动操作。由于一个机器人组件的输出是另一个组件的输入，因此机器人组件之间的边界可以根据事件触发进行定义。我们可以将机器人组件设计为相互独立的，这就把机器人组件变成了可重复使用的自动化系统，这些自动化系统被维护在一个中心位置，并在许多机器人中使用。

2. Scrum 中的角色

Scrum 项目管理模型中主要有 3 个角色——产品所有者、Scrum 大师和开发人员。对应到 RPA 行业中的角色，RPA 变更经理代表产品所有者，RPA 团队教练是 Scrum 大师，RPA 解决方案架构师、RPA 业务分析师、RPA 开发人员和 RPA 测试人员、

RPA 基础设施工程师、RPA 支持工程师都是 Scrum 中的开发人员。Scrum 团队的主要利益相关者是业务部门人员，包含流程所有者、流程领域专家等。

（1）RPA 变更经理

在卓越中心设定了战略方向（如愿景、战略）后，RPA 变更经理负责将产品待办事项按 Epic 进行优先级排序。产品待办事项是所有自动化流程需求（潜在机器人）的列表。

（2）RPA 团队教练

卓越中心的核心角色，对 Scrum 团队的有效性负责，指导卓越中心团队完成从传统交付到敏捷交付的过渡，帮助 Scrum 团队专注于开发符合 DoD（Definition of Done，完成标准）的机器人增量，消除项目前进的障碍，确保活动（如每日 Scrum、冲刺计划）富有成效并保持在时间范围内迭代，指导 Scrum 团队成员进行自我管理和跨部门协助。

（3）RPA 解决方案架构师

RPA 解决方案架构师拥有丰富的基础设施知识（如服务器、存储、网络相关知识），负责定义 RPA 解决方案的体系结构，进行开发工具和所用技术的选型工作，指导和协助 RPA 开发人员实施流程开发，并围绕 Scrum 团队共享知识和最佳实践原则协调 RPA 开发人员。另外，在开发阶段，RPA 解决方案架构师也是产品所有者的代理。在每个 Sprint 中，Sprint 的 Backlog 都是从产品 Backlog 中提取出来的。RPA 解决方案架构师弥合了业务和开发之间的鸿沟，他将 Epic 拆分为用户场景，与 RPA 业务分析师密切合作，不断完善流程设计文档，沟通并确定 Sprint Backlog 的优先级，确保 Sprint Backlog 透明、可见，并积极指导 Scrum 团队的自动化过程。产品所有者为 Scrum 团队提供战略指导，RPA 解决方案架构师为 Scrum 团队提供操作指导。

（4）RPA 业务分析师

RPA 业务分析师包含流程所有者、流程领域专家等，与 RPA 解决方案架构师密切协作，创建和维护流程设计文档，并参与测试。

（5）RPA 开发人员和 RPA 测试人员

主要负责流程自动化的开发和测试，并不断挑战 RPA 解决方案架构师的总体设计。现实生活中，由于测试被认为是团队每位成员的责任，因此越来越多的企业不会在 RPA 流程开发上安排测试团队，但从项目管理角度还是建议团队中要有经验丰富的专职测试人员。RPA 测试人员的职责并不是单纯负责测试，而是承担起积极参与、指导和建议团队全体成员进行测试的责任，通过激励团队成员不断批判性地思考他们设想、设计、构建和发布的自动化，使测试变得强大。

（6）RPA 基础设施工程师

主要负责基础设施（如服务器、数据库、应用程序、虚拟机）的配置、部署、协调（如监控）和维护（如机器人性能改进、故障排除），以用于生产和准生产环境（如开发、测试）。该角色由 IT Ops 统一管理，致力于 RPA 计划，须与 RPA 解决方案架构师协作，以确保 RPA 解决方案符合企业标准，是卓越中心和 IT 运营之间联系的关键角色。

（7）RPA 支持工程师

为在生产环境中受机器人影响的员工提供帮助。

在企业 RPA 的试点阶段，一般会先成立一个 Scrum 团队来实施某个业务部门的试点流程，到了 RPA 的扩展阶段，随着机器人需求不断增多，需要成立多个 Scrum 团队来分别应对不同业务部门的流程，并进行跨部门合作，这对 Scrum 的管理又提出了不少挑战。

首先，在人员配备上，每个 Scrum 团队都应配置 RPA 解决方案架构师、RPA 开发人员、RPA 基础设施工程师、RPA 测试人员和 RPA 团队教练。多个 Scrum 团队可以共用 RPA 基础设施工程师和 RPA 团队教练。图 3-2 展示了 4 个 Scrum 团队的人员配置情况，供企业参考。

其次，每个 Scrum 团队被分配给一个或多个部门（如市场、销售、法律、采购、财务、人力资源），这并不意味着 Scrum 团队只负责指定部门的自动化业务流程。当某个部门有自动化需求时，应优先将需求分配给指定的 Scrum 团队。如果该 Scrum 团队的核心能力不匹配，则可在各 Scrum 团队之间协作。Scrum 团队之间必须密切合作，增强团队任务的透明性，从而实现跨部门流程的自动化。

RPA 变更经理	RPA 基础设施工程师	RPA 测试工程师	RPA 解决方案架构师	RPA 开发工程师	RPA 团队教练	
1	1	1	1	4	1	团队 1
		1	1	4		团队 2
	1	1	1	4	1	团队 3
		1	1	4		团队 4
产品所有者	RPA 开发工程师				Scrum Master	

图 3-2 Scrum 团队资源配置

3.5.4 Nexus 跨团队管理

随着 RPA 在企业各部门的全面扩展，越来越多的 Scrum 团队会被组建起来，这无疑增加了对协调和协作的需求以及决策的复杂性。由于跨团队依赖性、重复工作和通信开销等问题，每个 Scrum 团队的 RPA 吞吐量、质量和速度可能会下降，在升级 RPA 时也可能带来集成问题，需要一个框架来有效协调 Scrum 团队的生态系统。

Nexus 是由 Ken Schaber 团队创建的框架，由 3～9 个 Scrum 团队共同处理一个产品待办事项列表，用于开发和维持大型软件开发项目，构建满足目标的集成增量。我们可以将企业的 RPA 平台看作一个集成了许多流程组件的产品，这些流程共享相同的基础设施，例如应用程序、数据库和 API，在管理过程中要保障这些机器人流程组件可以在 Scrum 团队中共享，以避免冗余，减少维护。

卓越中心可通过 Nexus 扩展敏捷 RPA 交付。Nexus 的目标是帮助 Scrum 团队减少跨团队的依赖性，保持团队的自我管理和透明度，以及问责制，使 Scrum 团队数量与 RPA 吞吐量齐头并进。Nexus 模型如图 3-3 所示。

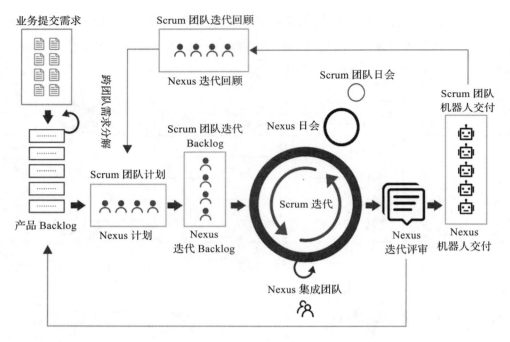

图 3-3　Nexus 管理模型

首先介绍 Nexus 集成团队，这个团队由产品所有者（RPA 变更经理）、一名 Scrum 大师（RPA 团队教练）和一名或多名 Scrum 团队成员（如 RPA 开发人员、RPA 测试人员）组成。这个团队的组成应随着 Scrum 团队所面临的挑战而变化。

Nexus 集成团队负责确保 Scrum 团队跨团队沟通、协作、协调的过程和使用的工具是有效的，并确保各 Scrum 团队在每次 Sprint 中交付的机器人能高效集成。Nexus 集成团队还负责定义并不断改进工程实践，这些定义在所有 Scrum 团队中共享。Nexus 集成团队的成员充当了各 Scrum 团队的服务领导者（如教练、指导）。接下来，分别介绍 Nexus 模型中的各事件。

Nexus 中首位事件是产品 Backlog 维护。当 RPA 管理团队接收到一个自动化请求的需求后，需要将该需求从大而模糊的 Epic，通过 Backlog 逐步分解到 Scrum 团队可在 Sprint 期间交付的工作项（如用户故事），并设置好各工作项的优先级。这个环节的目标是粗略估计产品 Backlog 的开发工作和业务价值，并预测哪些 Scrum 团队将交付哪些项，确定 Scrum 团队之间的依赖关系。

Nexus 的下一个事件是 Nexus 计划，这是在每个 Scrum 团队的 Sprint 计划之上的一个计划会议。每个 Scrum 团队都有一个代表参加 Nexus 计划会议，目的是讨论全局（如调整 Sprint 目标、总体战略），分配工作项，使跨团队的依赖关系透明化。Nexus Sprint Backlog 可以理解为单个 Scrum 团队 Sprint Backlog 的组合视图。单个 Scrum 团队再通过团队内部 Sprint 计划会议，进一步细化任务项，并在为期两到四周的冲刺中进行迭代交付。

接下来的事件是由每天的 Scrum 迭代的，称作 Nexus 日会。Nexus 日会的主要目的是确定团队之间的集成问题，并检查 Nexus Sprint 目标的实施进度。这些信息会被输入到 Scrum 团队日会中。每个团队通常有一名代表参加 Nexus 日会。Nexus 日会不是必须每天都进行的，可以根据实际情况安排一周一次或一周两次。

在每个 Sprint 的最后一天，会召开 Sprint 评审会议。Sprint 评审会议的目的是收集机器人增量的反馈，并确定未来的适应性。自动化流程受用的业务部门负责人、RPA 业务分析师、产品所有者、Scrum 团队的代表都需要参加该会议。

在 Sprint 评审会议上，主要说明为什么做了一些事情，并演示实现了哪些流程自动化。每个小组最多有 20 分钟的时间来展示各自或共同的成就。通过 Sprint 评审会议，每个 Scrum 团队不仅可以获得有价值的反馈，还可以了解其他团队的成就。

此外，在正式的评审会议之后，会随即举行非正式的 Sprint 评审会议，由业务涉众（即流程真正的使用者）参与进来，Scrum 团队为其演示本次增量的新流程是如何进行的，或是迭代的流程在原流程基础上优化了哪些环节，教会其真正使用这些新流程，并收集业务方面更深层的反馈。

Sprint 评审会议就像一个跨职能的协作平台，帮助业务部门和其他部门围绕 RPA 交流想法和经验。每个团队在 Sprint 中的表现对每个人都是可见的，这又促进了卓越中心内部的良性竞争。

在 Nexus 模型中，还有一个事件是 Nexus 迭代回顾，即 Sprint 总结会议，通常在下一个冲刺的第一天召开。Nexus 迭代回顾的目标是对上一个 Sprint 期间所有团队在个人、团队、交互、流程、工具及其完成 Backlog 方面面临的挑战进行讨论和强调，共同确定解决方案并在下个 Sprint 中进行优化。每个小组派一名代表参加，这些信息会被输入到各 Scrum 团队的 Sprint 回顾会议中。

3.6　本章小结

本章首先介绍了企业通过 RPA 进行数字化转型的 4 个阶段，然后介绍了 RPA 实施团队各类人才的工作内容和必备技能，最后展示了 RPA 项目团队管理和跨部门管理的最佳实践。

任何 RPA 项目都有许多动态的部分，它们超越了技术的范畴，涵盖企业战略、组织结构和文化。希望本章能帮助企业了解如何结合企业自身特点，通过 RPA 来规划企业的数字化转型。企业所有要素都应积极参与其中，以便能够顺利地在全企业扩展自动化模型，以实现真实而持久的业务转型，从 RPA 投资中获取最大价值。

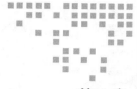

第 4 章 *Chapter 4*

RPA 实施全生命周期

业务流程是指为完成某一目标而进行的一系列逻辑相关的活动。在企业已完成概念验证和 RPA 产品选型的基础上，我们将机器人流程自动化实施的生命周期划分为流程发现与规划，需求调研，流程详细设计，流程开发与测试，验收与发布，运行、监控与评估和迭代／退役 7 个阶段，如图 4-1 所示。

本章主要围绕 RPA 生命周期的 7 个阶段，介绍相关团队和人员的工作与职责、各阶段重要节点、各节点的主要输出项和意义。

4.1 流程发现与规划

实施 RPA，企业的首要工作是发现、收集并选择合适的业务流程。

可借助流程挖掘工具，按照流程挖掘的步骤来实现流程的发现，流程挖掘的详细内容参见第 6 章。简单地说，流程发现通常有两种方式：主动发现和被动发现。主动发现是由员工主动汇总业务的总体运行活动，反馈日常工作中的业务痛点；被动发现是在员工计算机上安装软件记录员工的屏幕工作，借助 AI 技术来发现自动化机会。企业可通过这两种方式，将收集到的业务流程按部门进行划分，表 4-1 对企业各部门流程进行了汇总。

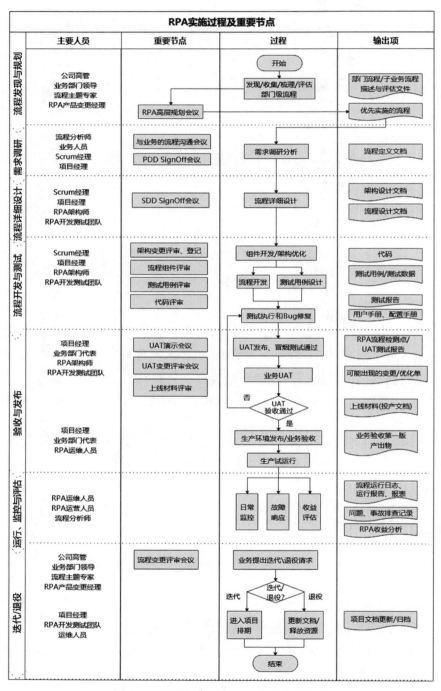

图 4-1 RPA 生命周期重要节点和输出项

表 4-1　企业各部门流程汇总

财务部门	人事部门	生产部门	供应链部门	销售部门	IT 部门
差旅报销	员工招聘	生产计划	库存管理	客户管理	设备管理
资金支付	员工考勤	物料管理	发货管理	订单管理	项目管理
发票验真	员工培训	产线监控	退货处理	合同管理	供应商管理
工资支付	工资制作	质量内检	物流追踪	电商管理	数据管理
银行流水对账	员工福利	排班管理	出入库管理	……	系统管理

　　按部门进行划分后，由流程主题专家负责对每一个活动进行细分，建立相对独立的子业务流程，并对这些子业务流程从业务场景、RPA 需求、人员操作时长、操作频次、涉及的内外部系统交互等进行概要描述，梳理各业务流程的 RPA 需求。针对 RPA 适用于跨系统、重复、规则固定、关联系统稳定的业务流程的特点，经过技术可行性和投入产出比评估，筛选出适用于 RPA 实施的流程。由公司高管、业务部门领导、RPA 变更经理共同参与企业 RPA 高层规划会议，结合企业数字化转型的战略规划、实施成功预计带来的业务收益和 RPA 实施成本计算投入产出比，对各业务部门流程的 RPA 实施进行优先级标注。例如，针对人事部门的员工招聘这一业务活动，我们可将其进一步细分为 6 个独立的子业务流程，并对这些子业务流程进行梳理和评估，从而规划出哪些流程将被优先实施自动化，如图 4-2 所示。

ID	业务活动	子流程名称	所属部门	主要场景描述	需要RPA的功能	现有人员（人/月）	单次操作时间（次/月）	业务频次（次/月）
H-01	员工招聘							
H-01.1		简历发布	人事部门			5	10	5000
H-01.2		简历筛选						
H-01.3		面试邀约						
H-01.4		学历核验						
H-01.5		面试结果通知						
H-01.6		启动入职流程						

图 4-2　业务流程梳理与评估

总时间 （分钟/月）	是否需 人为干预	涉及 系统	内部/ 外部	系统 类型	登录形式	是否需 验证码	流程 负责人	优先级	RPA 可行性	RPA 实施风险
50 000	否		外部	网页	账号、密码	是			可行	

图 4-2 （续）

在发现与规划阶段对流程进行的场景梳理、RPA 需求、实际业务频次及收益评估等描述与评估文件会作为该阶段的输出项，作为下一个阶段的输入项被流转到流程分析阶段。

对于企业整体的 RPA 实施，发现与规划阶段是一个长期、持续性的过程，需要由卓越中心组织协调公司高管、各业务部门领导来共同参与和规划，由 RPA 产品变更经理负责具体工作的管理。该阶段决定了一个候选流程是否有机会被转为自动化流程，若该阶段的可行性评估、效益评估出错，或没有紧跟企业业务发展规划，那么后续所有围绕该流程的实施工作都将变得没有价值，因此该阶段对于自动化流程来说具有关键意义。

4.2　需求调研

企业筛选出优先实施 RPA 的流程后，便进入流程的需求调研阶段。在需求调研阶段，流程分析师负责对该流程的每个操作步骤进行详细分析和定义，并把业务流程的每个操作步骤转换为 RPA 操作步骤。梳理时可通过由业务人员现场操作进行演示说明、截图或录屏的方式，记录每一个流程操作的细节。在转换为 RPA 开发可用步骤的过程中，有些步骤可能在原流程的基础上需要进一步优化，需要与业务部门人员协商并确认如何处理。当一个流程太复杂或冗长时，应将其拆分成多个单独的流程来处理，以方便日后维护和分阶段完成。

需求调研是对流程各场景的需求进行详细分析的过程，输出项是流程定义文档，该文档应包括流程概述、现状业务流程、目标业务流程、所涉及的内 / 外部系统操作、异常及处理方案、输入 / 输出文件（邮件）模板等，还可以包括操作步骤的截图和录屏，并由业务部门人员进行流程需求评审。

1）流程概述：定义该流程的基本描述、明确流程的业务负责人和沟通接口人、流程在现实世界的实际运行频次和时效、RPA 设计的假定前提、环境依赖和所要求的服务水平协议等。

2）现状业务流程：描述实际人工执行的业务操作步骤，包括流程执行步骤详细说明。

3）目标业务流程：描述引入 RPA 后的业务操作步骤，包括机器人处理环节、人工处理环节及双方协作环节的执行步骤详细说明，这里体现了引入 RPA 后业务流程相关步骤的优化。

4）所涉及的内 / 外部系统操作：描述流程需要操作的应用系统的架构、登录模式、操作方式（界面操作 / 接口调用）等。

5）异常及处理方案：通过需求调研阶段，原人工执行的操作步骤被转为了引入 RPA 后的业务操作步骤，对该流程所有可能涉及的业务场景进行全面梳理和分析，对异常点提供了应对处理方案，并得到业务部门的确认。

6）输入 / 输出文件（邮件）模板：需求调研阶段一方面可以帮助项目团队将流程拆分为多个工作项，确认优先级，评估实现复杂度，用敏捷思想进行迭代交付；另一方面也可以让 RPA 开发、测试工程师更专注于流程开发工作，而不必为前后矛盾或不清晰的需求而困惑，从而提高 RPA 开发团队的交付能力。该阶段为后续的流程构建工作扫除了绝大部分的障碍，为流程构建工作的高效开展提供了强有力保障。

4.3 流程详细设计

为保证流程实施的独立性，为后续的开发、测试和部署上线提供指导，在 RPA 流程需求调研阶段之后，应对每个流程进行详细设计，为每个流程输出独立的解决方案设计文档，该文档除了包含承接了流程定义文档中的流程概述、流程需求和涉及的内外部系统描述外，还应包括机器人处理流程、设计要点、文件目录结构、日志记录与查看、异常处理等说明。完成流程详细设计后，组织技术专家或项目团队成员对流程详细设计文档进行评审。

在 RPA 实施过程中，很多实施团队会忽略流程详细设计阶段的工作，直接从需求调研阶段转入流程开发与测试阶段，这对后期 RPA 的扩展和维护是很不利的。在初始阶段就应该对项目的整理架构进行设计，维护 RPA 项目整体架构设计文档，定义整体设计原则，仔细考虑程序结构、可复用组件、人机协作、目录划分、异常处理等问题。后续在加入单个流程的过程中，输出单个流程设计文档的同时不断完善整体架构，开发更多可复用的组件。

RPA 项目的整体架构设计文档包含框架设计、开发规范、通用组件及其调用方式、单元测试、安全合规等内容。

1）框架设计：从业务流程易于实现与稳定，未来的变更和可扩展性等方面进行考虑，对项目进行整体框架设计，包含流程初始化参数和环境设定、结束流程的关闭操作、新流程的加入、流程维护、纠错、参数配置、风控机制、回滚机制等。

2）开发规范：从代码注释、日志记录、目录、版本、命名规范等维度出发，建立一套 RPA 开发规范与标准，从而提高项目开发效率和质量。

3）通用组件及其调用方式：对可复用的组件及其调用方式进行详细说明。例如某业务系统的登入/登出、企业邮件接收与发送、文件访问与关闭访问连接、数据库的调用、日志记录、异常捕获（异常信息记录和截屏）等。

4）单元测试：从质量保障的角度，对 RPA 实行自动化测试。

5）安全合规：从保证 RPA 运行过程中的安全性的角度，考虑 RPA 实施过程中的各类安全管控，包括参数配置安全、信息传输与存储安全、网络端口与访问安全、物理环境安全、日志安全、代码安全、账号密码存储安全等问题。

RPA 的整体架构设计文档和 RPA 流程详细设计文档作为 RPA 流程开发规范和实现方式的说明，是 RPA 开发人员和 RPA 测试人员的重要参考文档，帮助 RPA 初级开发人员按架构规范构建 RPA 流程，利于日后流程的扩展、维护与监控工作；帮助测试人员了解开发逻辑，保障测试点的全面覆盖。此外，RPA 整体架构设计文档和 RPA 流程详细设计文档也是日后变更 RPA 流程的重要参考文档，帮助设计人员和开发人员更全面地评估新的 RPA 流程变更需求对原流程的改动、涉及的依赖项和风险点。

4.4　流程开发与测试

流程详细设计阶段结束后，需求调研阶段输出的流程定义文档和流程详细设计阶段输出的流程设计文档一同作为输入项，通过项目排期进入 RPA 流程的开发与测试阶段，流程开发与测试阶段是 RPA 项目实施的核心阶段。

4.4.1　流程的开发

对于一个全新的 RPA 项目，在正式进行单个流程的开发前应先根据 RPA 整体架构设计文档，完成 RPA 项目框架的整体设计。在后续单个流程的开发过程中，RPA 工程师应在遵循项目框架设计的要求下，依据解决方案设计文档，一步步实现自动化程序。如果有新组件被封装，或出现架构变更的情况，必须对新开发的组件及调用进行代码评审，对架构变更请求做好登记工作，同步更新项目的整体架构设计文档。在实际的 RPA 开发过程中，开发人员应按照保障自动化程序运行稳定性的技术手段来实现 RPA 的开发。例如抓取界面上的操作按钮，稳定性由强到弱依次为通过 id 获取界面控件、快捷键获取、界面坐标定位，若前者抓取不到，再考虑后者的技术实现。当各种技术手段都无法解决问题时，RPA 开发人员须及时与团队成员同步，发起变更流程，尽早与业务分析师沟通，寻求业务层面的其他解决方案。

项目经理或技术经理可根据具体流程的技术难易程度和逻辑复杂度，或流程开发工程师的技术水平，对开发完成的流程进行代码评审。

4.4.2 流程的测试

RPA 的测试与传统测试相似，可分为自动化测试和手动测试。自动化测试包含单元测试和为验证 RPA 流程而编写的自动化测试。

单元测试由 RPA 开发人员负责，在 RPA 的开发过程中一边开发，一边为每个方案写单元测试代码，开发完成，基本单元测试也就完成了。

当开发人员在进行 RPA 开发的时候，测试人员应根据流程设计文档和解决方案设计文档，进行 RPA 测试用例的设计，测试用例须覆盖正常的业务场景和业务规则，包含输入 / 输出异常的处理、流程执行过程中各环节的异常验证、日志记录验证、配置项验证和访问、传输安全的验证，并利用自动化测试工具编写自动化测试脚本，将其映射到每条测试用例上。在开发提测前，完成测试用例的内部评审工作。开发人员完成 RPA 的开发工作并提测后，测试人员可反复执行和优化测试脚本，跟踪缺陷，生成测试报告，直至确认缺陷修复完毕，满足业务上线需求，并输出最终的测试报告表示测试验收通过（Test Signoff）。

很多企业可能不会为 RPA 团队配备充足的测试人员，这时就需要 RPA 开发人员来承担测试的职责。测试需要准备一定量的样本数据，样本数据应尽量贴近真实业务数据，而且具备可逆性或可重复性，避免一些数据提交之后，不能重现之前的业务操作，导致无法利用 RPA 技术。此外，在实际项目实施过程中，可能会遇到没有测试环境支持，需要通过生产环境直接测试的情况，这时就必须更加周全地设计测试数据，并准备好在脚本测试执行完毕后进行测试数据的清理工作，避免影响现实工作中业务系统的正常使用。测试不足会导致故障和高维护率，完整、系统的测试可规避潜在的功能性和业务型风险，保障项目上线质量。

企业务必重视 RPA 的自动化测试，因为自动化测试是最快速、可靠和可持续的测试。当创建 RPA 时，其与应用程序的特定 UI、特定运行时环境等进行交互，大多数企业拥有数百个应用程序，这些应用程序可能每周、每天甚至每小时更新一次，这一系列持续变化中的任何一项均有可能扰乱机器人运行。此时自动化测试便可以直接进行连续回归测试，每次 RPA 或所依赖的业务系统有更新时，便主动测试自动化业务流程，以得知是否影响正在运行的自动化流程。试想如果每次回归测试都必须依赖手动完成，企业就需要大量的测试和质量保证团队来处理这个永无止境且不断增长的负担。

流程开发与测试阶段的输出项有待发布的 RPA 流程及代码、测试用例、测试报告、RPA 发布与配置手册和用户手册。若在开发测试过程中，流程的需求或设计有变动，则必须进行流程变更申请与登记，并同步更新前期的流程详细设计文档，以保证该文档版本与最新流程的实现方式始终一致。

4.5　验收与发布

RPA 流程测试通过后，将进入 RPA 的验收与发布阶段。理想情况下验收过程是在 UAT 环境中进行的，RPA 工程师将 RPA 代码导入企业代码仓库，运维工程师根据流程发布与配置手册将 RPA 流程发布至 UAT 环境。项目经理组织 RPA 团队代表召开 UAT 演示会议，为业务人员进行演示说明，会后给予业务人员约定的时间窗口，让其在 UAT 环境使用一些符合真实场景的业务数据样例，由机器人来运行，以校验运行成果是否满足业务要求。虽然这是一种黑盒测试，但在测试数据中，业务人员也须同时考虑正例和反例的存在，以保障机器人运行的可靠性。此外，除了检查机器人处理后的数据结果是否正确外，业务人员还必须通过培训，知晓机器人是如何触发启动的，中间环节是否需要人机协作，当异常发生后，业务人员应如何接管工作，或者应如何重启机器人等。

业务人员测试完成后，会输出 UAT 测试报告和可能出现的变更单或优化单。项目经理负责组织团队成员共同对上线材料进行评审，评审通过后由运维工程师正式将 RPA 的程序代码发布到生产环境中，该 RPA 正式投产。若验收过程中业务人员提出优化项或变更单，则由项目经理组织召开评审会议，对所提优化项或变更单一一进行评审，确认哪些是紧急优化项，哪些是可暂缓迭代优化的，哪些反馈项是不用理会的。完成紧急优化项的修复，业务验收通过并完成上线材料评审后，由运维工程师将配置项改成生产环境配置项，发布到生产环境中，并输出 RPA 生产配置手册。

在实际实施过程中，同样会出现没有 UAT 环境的情况，需要确保配置手册将各程序的版本、各应用程序的测试 /UAT/ 生产环境地址、访问权限等配置项都记录清楚，并做好回滚预案，发布前对原流程做好备份，以保障上线失败可尽快恢复流程。

验收与发布阶段的输出项是 RPA 生产配置手册、RPA 流程优化项。RPA 生产配置手册是日后 RPA 生产变更维护的重要参考文档，若机器人执行时间、文档配置路径有变动，应在本文档基础上进行记录，以保证生产配置手册始终与生产环境实际配置内容一致。RPA 流程优化项可作为需求项被记录在产品 Backlog 中，通过项目排期予以迭代交付。RPA 流程的发布意味着机器人正式投产于业务日常工作中，替代员工进行业务操作，为业务部门产生效益，是 RPA 全生命周期中一个里程碑。

4.6 运行、监控与评估

RPA 项目上线后，便进入运行、监控与评估阶段，这一阶段是 RPA 生命周期中最长的阶段。RPA 程序可能会由于业务数据非标准、超权限范围、规则未考虑等情况在运行过程中出现异常、中断或故障，需要运维人员做好监控和响应工作。

RPA 的监控主要有主动监控和被动响应两种形式。主动监控是指当运行中的 RPA 流程或 RPA 平台发生问题时，监控平台探测到这个问题并主动发出警告，及时通知业务部门以及运维部门。被动响应是指当业务用户发现 RPA 机器人未按照预期提供工作成果，或者发现 RPA 机器人执行中断时，将问题上报给 RPA 运维团队。

企业可以在原有运维体系基础上，沿用对于传统应用系统的现有 IT 管理服务流程，例如问题管理、工单管理、事故跟踪管理等，同时结合 RPA 的特性，对不同 RPA 流程的不同响应需求，制定相应的服务水平协议、变更管理等，对 RPA 问题进行侦测、发现、分析、跟踪和解决。在必要时可将问题升级到开发部门，由开发人员协助排查定位，并采用敏捷手段将程序补丁快速部署到生产环境中，将影响降到最低。此外，在问题解决后还应不断完善问题知识库、问题影响性分析、问题检查表等工作文档。运维部门还应持续监控机器人的性能和利用率，可根据实际情况调整机器人的使用，使其利用率最大化。

对 RPA 持续监控的同时，由 RPA 运营团队或 RPA 分析师负责对该运行中的 RPA 流程进行评估，以验证 RPA 项目的投资回报率。将节约的时间、被替换的员工每小时平均成本作为 RPA 收益，结合实施自动化的成本（自动化工具的成本、基础设施的成本、开发成本、监控与维护成本），计算 RPA 项目的投资回报率，评估 RPA 为企业带来的效益。

4.7　迭代 / 退役

RPA 流程被新流程所取代，意味着旧流程生命周期的结束，新流程的全新生命周期的开始。这个阶段需要做好 RPA 需求变更管理工作，更新原有的 RPA 需求定义文档、设计文档，维护最新的测试用例，对单元测试和自动化测试代码进行调整，并更新配置文档和用户手册，对文档和代码做好版本管理、存档工作。

若 RPA 流程上线后因有严重问题而被紧急叫停，或者由于企业业务经营战略或业务流程发生重大变动，导致原 RPA 流程被终止或取消，便进入 RPA 退役阶段。RPA 退役阶段的完成表明 RPA 流程整个生命周期正式结束。

RPA 流程退役，可能需要进行以下工作。

1）进行 RPA 流程的评价和退役的正式确认。

2）记录任何流程中受到的影响。

3）记录经验教训。

4）将 RPA 实施整个生命周期的项目文件归档，以便作为历史数据使用。

5）结束所有采购活动，确保所有相关协议的完结。

6）对团队成员进行评估，释放项目资源。

4.8　本章小结

本章介绍 RPA 实施全生命周期 7 个阶段的主要内容和输出项，并概述了每个阶段的意义和各阶段之间的联系与影响，希望能帮助读者对 RPA 实施的全流程建立一个整体的了解。

在本书的第 7～12 章中，将针对每个阶段的具体工作内容和如何正确展开这些工作进行全面、详细的阐述，读者可按序阅读，也可直接翻阅自己感兴趣的内容。

概 念 验 证

PoC（Proof of Concept，概念验证）是流程需求方为进行 RPA 产品选型或外部供应商实施 RPA 项目招标，而进行的一项产品和供应商能力的验证工作。PoC 阶段处于企业决定实施 RPA 的计划之后，正式实施 RPA 的试点流程之前，做 PoC 是为了更好地实施 RPA。

在 PoC 阶段，通常需求方有下列两种情况。

1）已经确定采购某 RPA 产品，通过 PoC 验证部署该产品的效果，从需求分析、数据优化、页面处理、技术水平、业务经验等方面全面考察该产品的适配性，直观反馈部署 RPA 后的运营结果。

2）不知采购哪款 RPA 产品，通过 PoC 进行产品对比，以便快速找到合适的 RPA 产品和实施团队。从某种程度上看，优秀的 RPA 实施团队应熟悉 RPA 市场的各类产品，根据企业现状选择合适的产品，同时在数据库开发、性能优化、数据处理、结构算法等领域具备丰富的技术经验，有快速部署和实施的能力。只有产品与实施的双向结合，才能使 RPA 发挥更大的作用。

在 PoC 阶段，通常 RPA 需求方会梳理出小部分的业务场景交由供应商实现，供应商使用相应的 RPA 产品进行流程开发并提交实施结果，需求方对实施结果进行评价和选择。PoC 阶段的活动可分为选择业务流程、选择产品、流程实施和实施结果评价，如图 5-1 所示。下面分别从需求方和供应商的视角围绕这 4 个活动进行详细说明。

图 5-1　PoC 阶段示意图

5.1　选择业务流程

对于需求方来说，PoC 阶段的第一步是筛选并确定用于 PoC 的业务场景，将其交给供应商实现，以达到验证产品和供应商能力的目的。需求方可以挑选具备以下特征的业务来进行 PoC。

1）有代表性。所选的业务流程能代表大部分业务场景的需求，如从 A 系统的界面提取指定的数据，按规则整理后录入 B 系统，该业务场景可验证 RPA 产品和实施方对两个系统的页面解析、数据提取、数据整理和数据输入的能力。

2）可重复运行。应选择可随时重复执行的业务，如从系统中提取数据并输出报表，该流程执行一次后可以再次执行，而不会影响实际业务。若流程执行一次后需等待一定的业务时机才能再次执行，就不方便开发和验证了，会影响 PoC 的纳期[⊖]。

3）可测试性。尽量挑选有测试环境和测试数据的业务流程，方便开发、测试人员在 PoC 实施过程中进行调试和测试。

4）可验证性。要挑选能够对 RPA 运行的正确性和效率进行确认的流程。如果一项业务不方便确认流程执行的结果，就不能验证机器人执行的结果是否正确。

5）使用频率高。应挑选业务人员使用频率高的场景进行 PoC，最终目的是为企业带来高收益。

⊖ 纳期是指从签订合同到交货的时间。

6）非敏感数据。挑选不涉及业务敏感数据、不需要额外采取安全防护措施的流程，以保障企业的数据访问安全。

7）有一定难度。挑选的业务流程除包含 RPA 产品常用的功能外，还应在某些流程节点上带有一定的难度，以验证 RPA 产品的扩展能力和供应商解决问题的能力。

当需求方初步筛选好用于 PoC 的业务流程后，会与供应商进行需求沟通。对于供应商来说，在这个阶段要好好珍惜和把握与需求方业务部门和 IT 负责人沟通交流的机会，可以从以下几个方面展示对需求的理解能力、对 RPA 产品的熟悉程度和丰富的流程实施经验。

1）理解流程需求产生的背景和需要实现的目标，并深挖用户痛点，积极思考可达成业务目标的多种实现方式。

2）营造良好的沟通氛围，主动与用户分享和探讨对于需求的理解和多种实现目标的方式，虚心听取用户的意见，从而给用户留下积极主动的良好印象。同时，通过深入的沟通也可了解用户对于某种实现方式的偏好，以确保实施方案的正确性。

3）可参照图 5-2 所示的概念验证业务梳理矩阵表来登记、分析各 PoC 流程的业务特点，梳理需求方希望验证的功能和技能点，确保功能点覆盖全面、没有遗漏。也可以将该梳理表交由需求方确认，以体现实施方在业务需求分析阶段的专业性。

编号	业务名称	业务描述	业务特点		……	需求功能点		……
			代表性	重复性	……	文件读写	×× 系统数据提取	……
1								
2								
3								

图 5-2　概念验证业务梳理

4）由于 PoC 阶段供应商提供的服务通常都是免费的，因此供应商也要从成本管控的角度评估 PoC 需求实施所需的人员技能和人天数，在保证用户满意的前提下，与需求方讨论、提炼出需要验证的主要功能点，优化业务流程，在保证能满足需求方验证需求的前提下，控制 PoC 的实施成本。

5.2 选择产品

在双方确认 PoC 业务流程的需求后，接下去的任务便是选择 PoC 流程实施所使用的 RPA 产品。目前市面上一些通用的 RPA 产品通常都拥有以下功能。

- ❑ 基础功能：邮件收发、数据库连接、用户权限隔离、计划任务执行、异常警告。
- ❑ 页面分析能力：网页端、客户端程序。
- ❑ 常见文件读写：Excel、CSV、TXT、Word、PDF 等。
- ❑ API：调用外部 API，可以对外发布 API。

需求方在选择 RPA 产品时一般会参考下列因素，在 2.4.4 节也描述了更多需要考虑的因素。

1）功能：产品功能是否与现有需求匹配，是否能符合企业未来发展需求。

2）成本：在满足核心需求的前提下，从产品授权、部署环境和执行端费用等多方面进行小项及总和的对比，以求最高性价比。

3）培训：包括产品易用性、现有开发资料、原厂的培训和技术支持服务、与需求方技术人员技术栈的契合度等。

在 PoC 阶段，通常需求方已经初步筛选确定了 1～3 款候选 RPA 产品，寻求厂商或有实施经验的供应商来进行 PoC。作为供应商，应标前需要做好如下准备。

1）了解需求方所处行业，以及行业标杆企业目前的 RPA 应用现状。

2）了解需求方选用该 RPA 产品的背景和动机。

3）向需求方表达企业与 RPA 产品厂商已达成的长期、稳定的战略合作关系，能及时获得原厂技术响应支持的承诺。

4）评估 RPA 产品是否能覆盖 PoC 全部业务需求。如果不能，提出新的解决方案，借机展现自己丰富的行业解决方案经验、项目开发经验、技术扩展能力和系统集成能力。

5）向需求方展示企业拥有的各类软件开发和软件工程管理类资质证书，以及获得 RPA 产品实施资质认证的人员名单，以证明 RPA 产品的应用能力、技术实施能力、项目管理能力和良好的软件工程质量保证体系。

6）如果供应商是 RPA 产品的代理商，可以与需求方沟通 RPA 产品的购买渠道，这样可以为供应商带来部分软件许可的销售利润。供应商还应重点关注项目实施费用和后期可能有望外包合作的运维服务。供应商应主动寻找契机，向需求方表达与其建立长期合作关系的强烈意愿。

作为供应商，此时应与客户保持良好、高效的沟通，做到及时响应客户的需求，快速解决客户提出的问题，为客户展示以往的成功实施经验，给客户留下服务态度良好、技术专业的印象，为在后续评价中胜出打好基础。

5.3　流程实施

在完成 PoC 业务需求确认和 RPA 产品选择后，便进入 PoC 流程实施环节。通常需求方会给所有供应商相同的时间周期来完成实施工作。供应商应把握时间，在有限的时间内完成并提交流程部署。

供应商在进行 PoC 流程实施时，可采用以下技巧。

1）最好在完成需求确认后就制订实施方案，并提前确认用户提供的开发测试账号权限是否可用，为 PoC 的实施争取更多时间。

2）实施过程中先挑选规则固定、逻辑性强，不需要人工参与，具有积极业务影响的场景，便于需求方能快速看到实施成果。

3）充分借用已有项目的成熟框架，设计模块化组件和参数化调用，以展示 RPA 的可维护性。

4）提前与客户索取真实业务数据，在开发调试过程中尽量使用真实的业务数据，保证数据的准确性，从而降低 PoC 验证环节运行出错的风险。

5）开发过程中可设计一些安全机制，体现自己具备良好的安全意识。

6）若 PoC 在用户环境进行，则应提前与用户确认演示所用的电脑屏幕分辨率、操作系统版本、浏览器版本等 RPA 运行基础环境，并做好相应的流程测试工作，以保障演示顺利完成。

7）时间允许的情况下，还可以准备一份简单的流程配置手册或用户手册，以展示供应商的专业性。

5.4　实施结果评价

PoC 实施完成后，需求方负责人应组织本项目的业务用户代表、IT 部门负责人、安全合规部负责人等同事参与供应商 PoC 验收会议。PoC 验收会议可能与应标会议合并在一起召开，也可能分开进行。在 PoC 验收会议上，供应商代表需从公司介绍、同类案例分享、对需求方业务的理解、针对本轮需求所采用的实施方案、后续的维保服务等几方面向需求方进行阐述，并对本次 PoC 的实施结果进行演示。

作为供应商，在阐述和演示过程中需要注意以下几点。

1）要为讲标的演示文件和话术做好充分准备，熟悉 PoC 流程运行涉及的所有步骤和测试数据。

2）讲标的时间是有限的，要合理规划各部分陈述时间，并预留问答环节的时间。

3）讲标过程中要自信大方，始终保持与需求方所有在场用户的眼神沟通，做到察言观色，对用户感兴趣的点做重点阐述，不感兴趣的点及时略过。

4）若遇到讲标过程中被多次打断或需求方代表提出较难回答的问题，要始终保持友好和忍耐，告诫自己这是需求方对供应商的压力测试。

会议结束后，参与本次会议的需求方评审委员会成员会对候选供应商的表现进行评分。作为需求方，应提前制定好评价标准，并为各类别项设置不同的打分权重，可参照表 5-1 所设置的评分项，分别从产品、供应商、费用三部分对供应商的表现进行综合评价，针对每个小类还应进一步细分出具体的评价内容。

表 5-1 概念验证评价表

评分项		供应商 A	供应商 B	供应商 C
大类	小类	RPA 产品 A	RPA 产品 B	RPA 产品 C
产品	界面及基础功能			
	兼容和扩展能力			
	运维管理和维护			
	产品生态			
供应商	公司实力			
	同类项目经验			
	技术方案与项目实施			
	服务要求			
	演示质量			
费用	产品许可证费用			
	执行端机器人费用			
	项目实施费用			
总分				

在产品评价方面，需求方首先可以直观地从 RPA 工具的用户界面是否友好、基础功能是否完整的角度进行评分，复杂的用户界面将延迟实施过程，并增加学习曲线和适应性。其次可以从 RPA 工具的兼容和扩展能力方面进行评分，RPA 工具必须与平台无关，应该能够支持任何应用程序和平台，并能集成多种编程语言进行应用的扩展。再次是运维管理和维护方面，评判企业是否能够轻松地管理 RPA 机器人，在过程监控、过程更改、开发、重用等方面，是否具有较高的可见性和控制性，是否支持更多的安全控制。最后是产品生态方面，拥有开发者社区、培训资料、与 AI 的融合等方面的规划与建设的供应商更具优势。

在供应商评价方面，公司实力可从公司规模及信誉、各项企业认定证书、主要业务范围、专业技术人员的数量和技术能力等方面进行评分。同类项目经验可从供应商分享的案例与企业需求的匹配度、项目金额、实施周期等维度，判断供应商是否有独立完成同类 RPA 项目实施和维护的能力。技术方案与项目实施方面可从供应商的方案完整性、流程性能指标、功能和项目实施方案等方面考虑，其中，方案完整性包括建设方案的完整性、整体架构合理性及未来的可持续发展性、项目的可扩展性及衔接性。流程性能指标包括流程性能和技术指标，技术路线与设计理念的先进性、可行性、可维护性和便捷性。功能包括流程功能覆盖率和各角色的功能设计方案合理性。项目实施方案包括项目实施计划、管理措施的合理性，实施方案的完整性、可行性，运行维护应急预案的完整性，安装、调试、试运行和验收计划的合理性、可行性。服务要求可从流程维护、响应时间等售后服务的承诺，所承诺的RPA实施质量保证的可行性、配套设施及人员完善性、技术服务支撑体系的完整性及后续系统的扩展服务能力几方面进行评价。演示质量可从演示文件表达清晰性、PoC流程演示功能要点的覆盖率、技术设计方案内容的明确性、表述完整性及演示人咨询答疑的专业性方面进行评价。

PoC属于项目招标的一部分，是确定产品和供应商是否适合需求方的一个过程。企业可根据自身的实际情况，参考上述内容对供应商进行评价。这一阶段完成后，需求方会与中标供应商签订项目实施合同，完成RPA产品的采购，正式进入RPA流程实施阶段。

5.5 本章小结

PoC是RPA项目前期的试验环节，实施PoC可给企业的RPA之旅提供正确的指引，保障后续更好地部署RPA。本章从需求方和供应商的视角，阐述了PoC各环节中双方的具体工作和需要注意的事项。在PoC的整个过程中，选择合适的业务流程是获得成功的关键，选择RPA产品和供应商是这个过程的重要结果。若能通过PoC快速产生高投资回报率，为企业节省时间和成本，便可增加用户的认可度，建立整个企业构建自动化的信心。

第 6 章 *Chapter 6*

流程挖掘

随着 RPA 产品的不断推广，很多企业开始向全面自动化转型，在利用 RPA 代替人工完成重复性工作的同时，也在思考哪些业务流程可以使用 RPA 来实现。

RPA 实施全生命周期的第一个阶段是发现与规划，重点在于发现、收集并选择合适的业务流程。根据第 1 章中关于 RPA 场景的特征分析，我们知道并不是所有场景都适合实施 RPA，这与流程本身有关系，也受技术因素的影响。那么什么流程适合 RPA 实施，如何找到适合 RPA 实施的流程呢？本章介绍如何挖掘适合 RPA 的需求场景。我们将这一过程称为流程挖掘。

6.1 流程挖掘概述

流程挖掘（Process Mining）被广泛应用于 RPA 项目实施中。本节介绍流程挖掘的概念和意义、流程挖掘工具，以及流程挖掘的结果。

6.1.1 流程挖掘的概念和意义

流程挖掘在 RPA 领域主要用于发现流程，通过人工流程或流程挖掘工具"重现"业务流程的真实执行过程，为后续需求分析阶段提供判断依据，为企业流程与过程模型提供一致性检测，对现有流程进行改善与增强。

在不确定当前流程状态的情况下，流程挖掘可以从数据驱动视角揭示流程的真实状态，识别出有一定规则、重复性高、业务量大、低效、耗时的流程，以确定哪些流程适合实施 RPA。流程挖掘与 RPA 之间的关系如图 6-1 所示。

图 6-1　流程挖掘和 RPA 的关系图

流程挖掘站在企业、部门、个人等视角了解企业现运行的业务流程，识别流程中最有价值、最需要改进的环节，帮助企业优化流程。流程挖掘可以与自动化评估相结合，持续监测 RPA 的自动化效率、流程合规性和投资回报率等，以提供业务自动化效益，使 RPA 实施更加顺利。流程挖掘在 RPA 领域发挥着不可或缺的作用。

目前一些 RPA 厂商已相继推出各自的 RPA 流程挖掘工具，例如 UiPath 推出的 RPA 流程挖掘工具系列，包括 Automation Hub、Task Capture、Process Mining、Task Mining；华为推出的 RPA 流程挖掘工具系列，包括 Process Explore、Taylor、Inspire Center；云扩科技的 Spark；艺赛旗的 iS-CDA 等。从中可看出 RPA 厂商已经发现了 RPA 流程挖掘这一需求的价值。

1. 对企业：实现全流程挖掘

RPA 流程挖掘可以帮助企业快速梳理那些复杂的、不透明的业务流程，实现跨系统、跨部门的全流程挖掘，让企业尽快找到 RPA 落地场景并通过 RPA 提升企业运营效率。

2. 对高层管理者：选择有价值的 RPA 项目

RPA 流程挖掘可以通过算法模型分析 RPA 需求内容和数据来为 RPA 需求进行评分，企业基于评分结果评估 RPA 项目的实施价值。通过可视化的方式展示 RPA 流程的复杂性以及预测投资回报率，企业管理者可以通过该功能直观地查看 RPA 项目的收益情况。

3. 对 RPA 开发者：更快速地开展 RPA 项目

RPA 流程挖掘工具可以通过获取整个流程数据得出可视化的业务流程图，根据业务流程图生成 RPA 开发者需要的开发文档，帮助开发者快速开展 RPA 流程的设计工作。

6.1.2　流程挖掘工具

很多企业都使用信息化系统来提高企业的运作效率，例如 HR 系统、CRM 系统、财务系统、ERP 系统等，这些系统普遍存在效率低或者合规风险的问题，那么如何发现这些业务流程中需要优化和改进的地方？企业在刚刚引入 RPA 产品时，大多数员工并不清楚 RPA 是什么以及 RPA 具体能做什么，经常会有疑惑：哪些流程可以通过 RPA 产品来实现自动化？RPA 流程挖掘工具就可以解决这个问题。

RPA 流程挖掘工具是数据挖掘在自动化领域的一种较新的应用，通过提取业务流程中的有效数据（如应用系统日志、数据库数据等）或者抓取人在电脑端的操作行为并加以分析，通过可视化方式展现业务流程的真实过程，找到可以优化的流程。RPA 流程挖掘工具可以帮助企业发现隐藏在业务流程中可以被自动化的工作，帮助企业快速落地 RPA 应用。

企业日常业务流程很多，例如员工请假流程、员工差旅流程、财务报销流程、原材料采购流程等，这些业务可对应 OA 系统、财务系统、采购系统等，有些流程逻辑简单，有些因为跨部门、跨应用、多权限划分、多用户使用导致流程烦琐，人工梳理耗时费力，这个时候借助 RPA 流程挖掘工具可以快速达到梳理业务流程的效果。如图 6-2 所示，流程挖掘工具通过获取应用日志和员工操作行为来获取整个业务流程，并分析获取的数据以得到完整的业务流程。

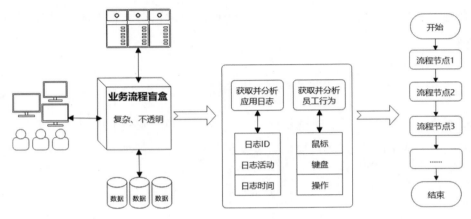

图 6-2　流程挖掘工具的作用

6.1.3　流程挖掘的结果

以目标需求为导向，从技术可行性与实施效益性角度分析 RPA 实施的影响因子。技术可行性是指 RPA 技术是否可实现，比如是否存在 RPA 无法获取的元素，业务场景是否具备技术实现的基础。实施效益性是指 RPA 实施后是否能带来经济效益、管理效益等，具体包括以下几个方面。

1. 业务规模

RPA 可替代人工执行业务，不间断地工作，尤其适合业务数量庞大和规模较大的业务，可大幅提升处理效率。以财务发票验真工作为例，财务人员需要对收到的增值税发票在国家税务总局综合服务平台上验证真伪。企业每月收到的发票数量庞大，如果采用 RPA，在出现异常数据时会将结果推送给财务人员，财务人员可以针对收到的异常数据核对相应的发票原始单据，可大大节省人力、物力及时间成本。

2. 劳动密度

如果流程中需要人工处理的比重非常大，意味着劳动重复性较高，人为差错率越大，表示适合 RPA 实施的机会越大。以网站抓取基于关键字的资料收集工作为例，需要人眼识别关键字信息，再手动下载，并对其进行汇总，最后呈现给所需的利益相关者，传统人工操作下效率低且易出错。借助 RPA 进行信息抓取可以降低差错率和节约成本，还能定制化抓取内容，自动执行批量下载任务，无须人力实时监控。

3. 技术可行性

RPA 的非侵入性特点使得 RPA 项目变得更易落地。需要分别登录多个信息系统执行任务时，无须对信息系统进行改造或二次开发，便可实现数据在信息系统间的交互和数据传递。

4. 信息系统环境

RPA 不是完全的人工智能，实现自动化运行对于数据质量、数据传递规则等信息系统的基础环境要求较高，信息化基础、数据质量也是考量 RPA 实施是否可行的因素之一。对于短期内有系统升级或更换底层和前端操作界面计划的业务系统，暂时不应该考虑实施 RPA 项目。RPA 通常是通过界面化操作实现的，如若界面发生变化，会导致元素获取不到，RPA 也将运行失败，影响 RPA 的运转效率。

5. 流程复杂度与内在风险

若场景涉及中等复杂度的交易，且场景本身存在内在风险，需要人为进行风控，此类流程便不适合 RPA 项目。例如数据源的初始输入步骤本身存在风险，需要人工审核确认；资金支付环节本身存在一定的风险，针对支付金额、收款人等信息的核对需要进行特殊风险控制。若流程必须有人值守，且用户体验得不到保证，同样不适合 RPA 项目。

6. 实施效益

企业考量任何活动都从效益的角度出发，RPA 实施也不例外。实施效益可体现在多个方面，比如经济效益、企业运营效率、流程在企业中的价值提升、流程运行的合规性和安全性等管理效益。不能带来业务收益的项目暂时不适合 RPA 的实施。

6.2 流程挖掘执行步骤

寻找 RPA 的潜在应用场景是一项耗时耗力的工作，根据笔者多年 RPA 项目实施经验，将流程挖掘归纳为 4 个步骤，分别是交流访谈、捕获数据、汇总数据、确定方向，通常由 RPA 业务分析师负责梳理。

6.2.1 交流访谈

交流访谈是流程挖掘的第一步。可以采用小组访谈、一对一访谈或线上访谈的方式进行，依据现实情况而定。访谈内容可根据 RPA 需求方的基础进行准备，大致分为以下几种情况。

1）需求方对 RPA 有一定的了解，或是已经自主实施了部分 RPA 流程，那么可以直接让对方提出明确的需求，阐述现有流程存在的痛点以及预期通过自动化达到的效果。

2）需求方存在一些特定试点建设需求，如需要在数字化转型中设立自动化流程试点，或是标杆内容，那么可以让对方有针对性地介绍实施目标、RPA 应用现状、流程现状等信息。

3）需求方信息化运转中存在一些技术难关，受限于现有技术或基于成本原因无法二次开发等，考量是否可通过 RPA 技术实现，可以让对方先介绍现有情况，包括存在的难点，拟达到的预期效果等。

4）需求方并没有 RPA 基础，需要自主挖掘潜在机会。针对这类客户，可以由项目负责人先行介绍行业已有的实施案例，向领导层宣贯 RPA 理念、RPA 能带来的价值、对企业数字化转型的影响等，再由对方介绍与成功案例相匹配的场景、业务流程运行状况等。

6.2.2 捕获数据

不管是需求方主动提出，还是项目组挖掘潜在机会，都需要业务分析师将交流访谈阶段的内容记录为纸质或电子版文档。流程挖掘第二步为捕获、收集用户实际业务操作过程中的流程数据。

流程数据即业务流程运行轨迹，包含流程运行的操作系统、输入信息、执行过程、输出信息、流程规则、运行时间等。数据形式可以是流程图、步骤截图（带详细附注）、流程执行视频、公司流程文件等。

捕获数据可以通过人工采集、流程挖掘工具或两种方式结合来实现。下面分别介绍不同方式的适用情况及详细捕获步骤。

1. 人工采集

人工采集方式适用于非信息系统中的操作、人机交互中人操作的路径步骤、本地化工具下的操作路径等，需要依靠人工识别、记录。这类操作可能存在速度缓慢、人为理解偏差大、成本高等缺点。

人工采集一般会先列出流程数据描述表，如表 6-1 所示，然后观摩实际流程操作，阅读客户流程文件，业务分析师也可以自己上手操作，以便更深刻地理解业务场景。在操作过程中，将每个步骤涉及的操作系统、执行路径、步骤截图、规则（尤其是逻辑判断场景）等记录下来，再将执行过程录制为视频，供实施阶段详细分析。

表 6-1　流程数据描述表

序　号	项　目	内　容
1	流程名称	
2	流程所属部门	
3	流程主要场景描述	
4	流程涉及的信息系统	
5	流程涉及的物理世界（包括本地个人生产工具）	
6	单次操作时间（分钟）	
7	重复量（次／月）	
8	总操作时间（分钟／月）	
9	现有流程图（业务层次）	

2. 流程挖掘工具

流程挖掘在 RPA 自动化机会发现阶段的应用是以数据为驱动的，通过人工智能与机器学习技术，自动分析并整合员工在本地计算机和各业务系统上进行的日常操作。流程挖掘工具可通过提取事件日志中的数据，创建流程模型，利用算法来理解业务流程，创建关键性能指标，并以可视化视图展现流程的特性。流程挖掘工具可涵盖绝大多数流程，且数据精确。

（1）获取并分析应用日志

RPA 流程挖掘工具通过获取应用的日志（一般包括日志 ID、日志活动、日志发生时间），使用 AI 算法对获取的日志信息进行分析，得到完整的业务流程。

企业使用的信息化系统包括内部研发的、第三方采购的两种，有的系统架构较新，有的系统架构老旧，这些系统可能是不同部门、不同级别、不同权限的企业员工使用，企业中很少有人能完全清楚业务流程中涉及的所有应用系统的架构、业务范畴以及业务操作。以企业中常见的差旅报销流程为例，通常涉及多个部门、多个流程处理人、多个系统，一般会有申请人及申请人所在部门主管、人事及人事主管、财务人员及财务主管参与流程，每个人各司其职，只负责其中一个或多个节点的处理，因为跨部门且多人参与，经常出现因为申请资料不准确或者填写格式不正确等原因需要退回的情况，所以流程会变得相对复杂，即便使用者也无法清晰描述完整的业务流程。借助 RPA 流程挖掘工具，可以通过分析系统日志快速得到完整的业务流程。图 6-3 展示了通过 RPA 流程挖掘工具，对员工差旅报销业务流程进行挖掘后得到的完整的业务流程。

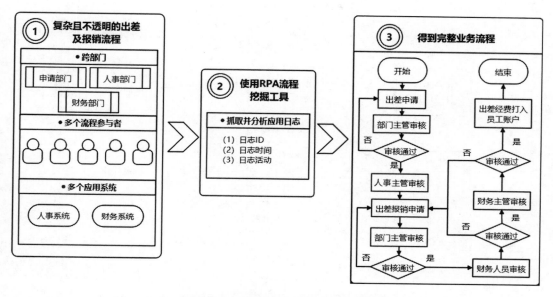

图 6-3　使用 RPA 流程挖掘工具得到员工差旅报销业务流程

（2）获取并分析员工行为

RPA 流程挖掘工具可以在不中断员工工作的情况下，通过截图、录屏的方式获取员工在计算机上的操作行为，通过判断鼠标点击、键盘操作以及电脑桌面界面的变动来确定流程的进展，然后使用 AI 算法分析员工的操作行为，最后得到整个操作行为的流程图。

以银行柜员查询客户信息的流程为例，使用 RPA 流程挖掘工具获取整个流程的步骤如图 6-4 所示。

第一步，柜员双击鼠标打开客户关系管理系统。

第二步，通过键盘输入柜员 ID，验证身份。

第三步，点击鼠标并选择查询客户信息功能。

第四步，柜员使用键盘输入客户证件号。

第五步，使用鼠标或键盘触发查询，跳转到客户信息展示页面并查看客户信息。

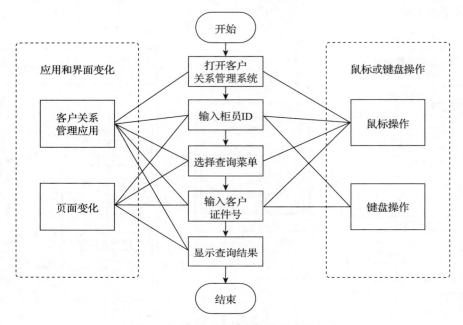

图 6-4 使用 RPA 流程挖掘工具挖掘示例

（3）发掘 RPA 机会

RPA 流程挖掘工具通过分析日志或者分析员工的操作得到业务流程图，同时也得到了大量不同维度的操作数据，例如操作频率、操作时长、操作复杂度等。通过分析不同维度的数据来发掘 RPA 机会，例如流程中执行频率最高的、操作时间较长的流程节点，最适合使用 RPA 来实现。通常情况下，我们会通过操作频率、操作时长、系统数量、操作应用种类、操作复杂度等指标，判断挖掘出来的业务流程图中哪些是低效流程、哪些适合使用 RPA 来完成。

例如，招聘流程一般包括人力资源部门发出招聘公告、收集简历、筛选简历、通知面试、面试、将面试结果上报审批、审批通过后发送录用通知书、员工入职系统信息录入等。经 RPA 流程挖掘工具分析，发现该流程中的一些步骤可以使用 RPA 来实现。流程挖掘工具分析招聘流程中每个步骤的操作对象（浏览器、邮箱等）、操作内容（查询信息、录入信息等）以及操作频率（每日定时查询邮件），识别出可以通过 RPA 来实现的流程，然后得出新的招聘流程，如图 6-5 所示。通过 RPA 流程挖掘工具实现的新招聘流程替代了员工大量手工操作，可大幅提升招聘效率。

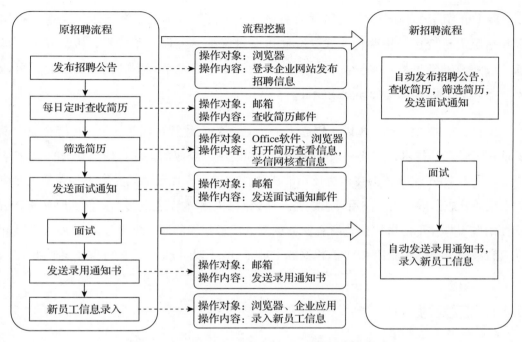

图 6-5 通过 RPA 流程挖掘工具发现新的招聘流程

目前，比较先进的流程挖掘技术可以记录用户与各个系统之间的互动，包括信息系统及软件、个人生产力应用程序以及虚拟桌面环境。该工具安装在电脑上并在后台运行，不会被业务人员所感知；可以记录在多个程序中的活动，并通过截图的方式从操作人员的角度记录场景执行痕迹；能脱离于信息系统运行，记录任何流程；基于操作路径来记录，重现业务流程；可输出详细的流程数据，包括步骤截图、执行时间、视频等。

（4）输出流程明细文档

RPA 流程挖掘工具可以通过获取整个流程数据得出可视化的业务流程图，同时根据流程图生成 RPA 开发者需要的开发文档，帮助开发者快速开展 RPA 项目的开发、设计工作。

有些 RPA 流程挖掘工具还提供了可视化的方式展示 RPA 流程的复杂性以及投资回报率。企业管理者可以通过该功能直观地查看 RPA 项目的价值，将多个并存的 RPA 项目进行优先级排序，实施投资回报率高的 RPA 项目。

以上介绍了如何通过手动和自动两种方式进行流程的捕获和发现，企业应根据实际情况灵活变通，将两种方式结合使用来发现某一流程，尤其是人机交互下的场景，或涉及物理世界的场景，需要用技术工具先将信息系统下的流程可视化，可能还需要人工采集对其进行补充或验证。

虽然 RPA 概念已经在国内火爆起来了，但是 RPA 流程挖掘对于很多传统企业来说还是一个较新的技术，需要一段时间来了解和使用，企业的关注点依然在 RPA 如何落地上。同时 RPA 流程挖掘技术也还不够成熟，例如流程挖掘中只支持一些大型成熟应用系统的日志获取；如果应用日志缺失，那么挖掘出来的流程也会不完整。现有的 RPA 流程挖掘工具并不能解决企业所有业务场景的流程挖掘问题，未来还需要 RPA 厂商和供应商共同努力，才能让 RPA 流程挖掘工具完全替代人工去实现 RPA 需求的挖掘。

6.2.3　汇总数据

通过交流访谈、捕获数据，企业已收集到相当可观的流程数据，接下来需要将采集的数据进行汇总。业务分析师可通过编写业务流程梳理列表（Business Process List，BPL）来更清晰地展现流程数据，供需求分析和决策使用。尤其对于人工收集的数据，需要业务分析师按照标准化语言进行梳理，减少理解误差。表 6-2 为某企业的业务流程梳理列表模板，可供参考。

表 6-2　业务流程梳理列表

流程名称	流程所属部门	现有流程场景描述	需要 RPA 实现的功能	单次操作时间（分钟）	重复量（次／月）	总操作时间（分钟／月）	涉及系统	流程图（详细流程资料）
发票查验	财务部门	对供应商获得的发票查验正确性	将开票信息与供应商库存信息相匹配	0.09	1000	90	SAP	流程图 步骤截图 运行视频 企业流程文件

6.2.4 确定方向

完成数据汇总后，业务分析师需对照业务流程梳理列表，与用户进行沟通，确认现有流程的准确性，核对列表文档中是否存在遗漏的流程。尤其要与一线操作人员沟通确认流程的操作步骤，遇到不懂或不清楚的一定要及时确认，明确每一个流程路径、步骤截图、流程规则是否和实际一致，以及记录用户对现有流程运作下的痛点，及希望通过自动化达到的效果。

基于以上业务流程列表文档，从技术可行性维度判断 RPA 实施的可行性。该环节一般依赖 RPA 业务分析师或 RPA 技术人员的实施经验进行判断。若 RPA 技术无法实现，则认为技术不可行；若可以实现或已有类似的成功实施经验，则认为技术可行。该结论只作为第一次接触交流的输出结果，供之后的分析决策参考，并不作为最后的需求结果确认。

6.3 业务路径梳理

在实施 RPA 项目前，业务分析师需要分析现有业务场景中的每步操作如何用 RPA 来替代，形成 RPA 业务流程。当然，RPA 业务流程无须与原有业务流程环节完全一致，应基于 RPA 的功能优势，在尽量保持用户已有操作习惯的基础上进行改造。

6.3.1 流程关键五要素

业务流程一般由以下五要素组成。

1）系统 / 环境。每一行为涉及的发出者与接受者，包括内部与外部，对于 RPA 流程来说，就是系统、环境或业务场景信息系统之间的数据交互和传输。

2）执行过程。通俗地说，是指每个角色具体做的事，即行为或动作，如签订销售合同、系统内输入数据、审核单据等。

3）输入项。输入项为每一行为的主要输入来源与内容，是一项行为的源头，输入项界定了业务流程的载体，如报销环节中的原始发票即报销流程的输入项。

4）输出项。每个人执行具体行为后就会有产出，产出的内容形成输出项，是每一个行为的关键交付成果。输出项使不同行为在不同系统、环境间交互传输成为可能，如营销部门交付有效的客户线索，销售交付已付费的客户；报销人员录入报销单原始单据给本部门经理审批，报销的原始单据就是报销人员的输出项；本部门经理在报销单据上签字同意申请，签字的单据即本部门经理的输出项。

5）运行时间。业务流程运行时间是指整个流程执行所花费的时间，在人工流程下与 RPA 自动化流程之间的运行时间是业务流程的一项非常关键的要素，缩短运行时间是评判流程收益的一个量化因素。

6.3.2 业务路径梳理四步法

在对关于业务流程的定义以及流程包含的基本要素有一定的了解后，接下来介绍如何梳理业务流程。

梳理业务流程是一个相当复杂的过程，这个过程主要是以实际的业务场景为基础来获取业务信息，然后抽象出一个以参与对象为节点的业务流程，可以通过以下四步来实现。

1. 获取详细且真实的业务流程

这是梳理业务流程的第一步，一般 RPA 项目实施人员有两种获取业务流程的方法：一是从业务方直接获取；二是自己观察、记录。

第一种方法下，业务部门一般有现成的、整理好的流程供直接获取，方便快捷。这种方法获取的业务是零散的，独立于企业各个部门，且主要针对个人当前的业务整理，或者针对所在部门的业务整理，并不是完整的全局流程。而 RPA 项目的实施需要考虑全局性，并具有未来的扩展性。这种模式下获取的流程说明一般不能直接拿来使用。

第二种方法是业务分析师依靠观察、经验判断等方法自行了解，过程较长。很多时候，业务部门没有纸面上的流程图，只能通过业务人员的口述去了解他们的业务流程。这种情况下最好的方法是业务分析师自己先模拟一遍流程，然后将流程书面化，形成标准规范的业务流程。这种方法虽然耗费时间较长，但是完成后效率倍增。

通常情况下，业务分析师可根据具体业务情况混合使用以上两种方法，针对规范的业务流程，直接获取后与业务人员再次确认；针对没有纸面化产出物的业务流程，业务分析师通过调研访谈、观察等方法了解业务流程，绘制流程后与业务人员进行确认。不管哪种方法，都需要业务分析师不断与用户多次沟通确认，因为流程常常会随着业务发展的变化而变化。按照这样的步骤，来逐一完成流程各个节点行为的梳理。

2. 明确全业务场景的关键环境

首先要弄清业务流程涉及的环节，每一个环节会由一个或多个系统环境参与，该环境包括信息化环境和实物环境。获取环境的详细数据，也是技术评估是否可行的重要参考依据。如业务流程是否涉及物理世界的操作，是否存在需要将非结构化数据转成结构化数据的 AI 能力，这些都会为后期 RPA 项目的可行性评估提供重要的参考。

3. 识别路径节点及关键规则

解决一个问题需要执行很多任务，并非所有的任务都是关键业务节点。关键任务节点通常具有以下两个特征。

1）能够推进业务往下进行。

2）能够推动业务在不同角色间流转。

业务流程路径规则体现了整个业务流程的逻辑。关键节点转化关系及结果能反映业务状况。这些都是用户在业务进行到一定阶段需要完成的阶段性目标。这些目标后续需要进一步细分处理，拆解为子目标。梳理业务流程不是简单照搬，而是需要分析现有实际场景中各节点的必要性，判断现有流程是否可以进一步优化或调整。

4. 输出标准工具

梳理整个流程，对流程流转和规则有了比较清晰的认知后，业务分析师可以使用流程图等专业工具将流程的要素及细节等信息，用统一、专业、一目了然的方式展现出来。在项目实施过程中，任何项目团队成员通过看流程图就能清晰地整体了解这个流程是干什么的，涉及哪些业务场景，有哪些关联属性。

6.4　可行性分析

RPA 项目组在采用 RPA 实现对人工流程的替代前，需要对业务流程的自动化可行性进行评估。可行性分析决定了项目是否启动，错误的分析结果会直接导致项目失败。

6.4.1　可行性分析的方法

可行性分析主要从技术可行性、业务收益、优先级 3 个方面进行。

1. 技术可行性

从技术可行性入手判断流程的自动化实施能否实现，主要从以下几个方面进行考虑。

1）是否存在当前不具备的技术能力，比如是否需要将非结构化数据转化成结构化数据。

2）流程是否包含动态规则。RPA 适合处理规则清晰的流程，若规则变化过于频繁，则不适合 RPA。

3）环境是否涉及物理世界。RPA 可在软件信息系统间进行数据交互处理，实现拟人化操作，如果流程中涉及与物理世界的交互体验，则不适合 RPA。如资金支付中涉及 U 盾插拔，则需要借助额外技术，应另行判断。

4）是否存在不被 RPA 元素识别引擎识别的软件。如果流程中存在交互的系统环境不能被 RPA 所识别，则无法在技术上实现自动化，应判断为不可行。

技术可行性分析偏向定性分析，若以上条件有一个不满足，则认为实施自动化流程在本阶段不可行。

2. 业务收益

RPA 项目业务收益分析主要包括经济效益与管理效益两方面。

1）经济效益。RPA 的经济效益主要从节省人力成本、时间成本等方面分析。能为企业节省人力投入成本是 RPA 最大也是最明显的收益，RPA 替代了人类手工操作，节省的人力成本、人工工时即 RPA 项目的收益。传统人工操作模式中，员工的工作时间有限，一天 8 小时，而 RPA 机器人一天可工作 24 小时，相当于 3 个全职员工。大量简单重复的工作往往需要投入较高的人力，招聘员工需要付出薪酬、福利、津贴等成本，应用 RPA 机器人，将大幅降低人力成本的投入。

2）管理效益。管理效益主要从运营效率、流程价值、流程管理的合规性与安全性等角度来考量。RPA 打通了企业数据孤岛，加快了企业信息处理速度，提升了信息沟通效率与产品或服务的运营效率。RPA 有助于减少甚至消除人为操作引发的错误，规避了流程合规风险。RPA 可以提高数据准确率，保证数据安全，避免人为操作导致的数据错误或数据泄露。

3. 优先级

优先级是指业务流程实施的先后顺序，通常以业务收益和复杂度矩阵来展示，横轴为业务复杂度，纵轴为业务收益，划分为四象限。通常业务复杂度低且业务收益高的业务流程优先级别最高；业务复杂度高、业务收益低的业务流程，则被认为是不适合实施 RPA 的。

通过上述三方面对 RPA 进行可行性评估，可以帮助企业筛选掉不具备自动化基础的业务流程。业务收益和复杂度矩阵可以将流程自动化的成本效益分析可视化为图形，使其更直观，便于在之后的环节中结合调研数据分析探讨 RPA 的实施效果。

6.4.2 可行性分析文档

在项目启动前，通过一定的方法或者工具对涉及的流程进行可行性分析，从而判断该流程是否存在自动化的机会。之后，在 BPL 文档的基础上输出可行性分析文档（Feasibility Analysis Document，FAD），用于记录分析过程和分析结果。

本节介绍可行性分析文档的内容和编写要点。

1. 可行性分析文档的内容

一份优秀的可行性分析文档通常包含以下内容。

1）流程编码：编码唯一、规范且可扩展，如业务加顺序编号形式 FGZ001。

2）流程名称：流程命名，见名知意，如发放工资条。

3）流程所属部门：流程所属部门、角色，如财务部、出纳。

4）现有流程主要场景描述：针对现有流程的详细文字描述，如财务部将计算好的工资条发送到对应员工的邮箱中。

5）需要 RPA 实现的功能：根据现有的业务流程梳理出需要 RPA 实现的功能描述，如每月 15 日，自动发送工资条到员工邮箱，发送步骤如下。

❑ 第一步，每月 15 日，机器人打开财务人员制作好的所有员工的工资条文件夹。

❑ 第二步，机器人将每一位员工工资条上的信息以工资条上面的格式复制到邮件中。

❑ 第三步，所有工资条发送完成后提示"工资条发送已完成"。

6）单次操作时间（小时）：流程执行一次所花的时间。

7）重复量（次 / 月）：该项业务一个月一位员工重复操作的次数。如操作频次为 100 次 / 月，员工人数为 10 人，则重复量为 100 × 10=1000 次 / 月。

8）总操作时间（小时 / 月）：以一个月为准，将单次操作时间乘以重复量，计算总操作时间。如上例，则总操作时间为 1000 × 0.1=100 小时 / 月。

9）涉及系统：业务流程涉及交互的信息系统，如 E-mail、Excel 等。

10）系统有无升级计划：根据交互的系统近期是否有升级的计划来判断该流程的变化性。

11）初步判断可行性：根据业务流程的初步梳理，针对可行性给出初步判断结论，可选项为可行、不可行或待进一步评估。

12）优先级：流程在整个 RPA 项目中的优先级。

2. 编写要点

一份参考性强、有价值的 FAD 不是简单地填充几个字段内容就可以的，而是要根据项目实际情况给出初步的参考意见，为后续的需求评价提供依据。撰写一份操作性强、易读且充分的 FAD 可以参照以下原则。

1）流程名称唯一。客户可能需要开发多个流程，那么每个流程需要有一个明确的名称，流程名称不能重复，而且要做到见名知意。

2）需要 RPA 实现的功能。基于现有业务流程的主要场景，筛选出可以利用 RPA 来解决的环节，并结合 RPA 功能梳理出 RPA 的业务流程。业务分析师在 FAD 里需要详细、准确地描述流程的基本信息，确保项目组成员能够明白目前流程在做什么、与流程相关的部门和成员有哪些、物力的投入以及流程需要涉及的系统环境信息，可以通过固定的表格样式进行规范。

3）关联业务系统最近是否有升级计划。如果客户的系统最近有升级计划，需要和客户确认系统升级的具体变动项，评估对 RPA 项目的影响。RPA 是对信息系统的界面进行模拟操作，系统升级或改变系统界面将直接影响 RPA 流程的运行稳定性、有效性，业务分析师需要确认关联业务系统是否存在升级计划，并根据该描述判断流程目前是否适合 RPA。

4）判断 RPA 可行性。基于技术可行性、升级计划等因素，站在技术角度上给出明确的可行性结论。对流程业务的可行性判断是基于业务逻辑的，而技术可行性判断需要从技术层面上判断流程是否可行，必要时业务分析师可先向技术人员咨询，再得出结论，最终判断是否实施要等到与客户需求调研论证分析完成后才能确定。

5）判断流程优先级。在初步判断为可行的基础上，结合操作频次及总操作时间，判断流程自动化的效益性，并进行优先级排序。优先级高的流程建议优先实施，优先级中等或低的流程可以根据实际情况与相关干系人沟通后再考量。针对不可行的流程，优先级不做任何排序。

6.5   本章小结

本章首先介绍了流程挖掘的概念、价值、流程挖掘工具的实现原理和影响流程挖掘效果的关键影响因子；然后介绍了流程挖掘的具体方法，通过交流访谈、捕获数据、汇总数据、确定方向四步来重现企业真实业务场景，以发现潜在的自动化机会，并输出业务流程梳理列表；再进一步梳理业务路径，将原业务流程转化为 RPA流程，输出可视化流程图；最后从技术可行性、收益及优先级 3 个方面进行可行性分析，输出可行性分析报告，锁定业务部门、业务流程及相关方，为后续需求分析提供决策支持。

需 求 调 研

需求调研是信息化项目落地的首要工作，也在一定程度上决定了最终交付的成果。怎样从需求调研中听取客户需求、分析客户需求，最终将客户需求转换成 PDD，是需求调研阶段最重要的任务。

7.1　需求调研的主要活动

需求调研阶段主要有以下活动项。

1. 客户交流

确定焦点小组。焦点小组一般由相关专业领域专家和 RPA 流程开发专家组成。这一过程主要是通过面对面交流或视频会议等方式，确定客户业务需求。

2. 客户流程检视

流程检视一般分为两个阶段：第一个阶段是收集客户流程具体操作步骤；第二阶

段是收集客户对于流程的标准操作文档。

3. 客户流程分析

基于客户流程检视的结果，通过流程挖掘方法对流程是否可实现自动化进行分析，最终筛选出可被实施 RPA 的流程。

7.2 效益评估指标

在 RPA 流程效益评估中，我们通常选取成本收益与投资回报率作为效益评估指标。在计算这两项效益评估指标前，需要先了解一些相关概念。

1. FTE

（1）什么是 FTE

FTE（Full-Time Equivalent，全职等价工时），有时也称为 WTE（Whole Time Equivalent，全职人力工时），是对科技活动人员投入量的一种测算方法。

（2）FTE 如何计算

$$FTE = \frac{\text{一项工作的操作频率} \times \text{工作量} \times \text{单笔处理时长（分钟）}}{\text{全月工作小时} \times 60}$$

例如，固定资产盘点每 2 个月进行一次，每次需要处理超过 4000 条数据，每次数据操作耗时 2.4 分钟，请计算 FTE。

1）了解企业对工时的要求。本企业为外资企业，每月工作 20 天，每天 8 小时，每个月的总工时为 160 工时。

2）计算该项工作的耗时。本流程操作频率为每 2 个月操作 1 次，即每月操作 0.5 次。工作量为 4000，单笔处理时长为 2.4 分钟。

3）代入公式计算。

$$FTE = \frac{0.5 \times 4000 \times 2.4}{160 \times 60} = 0.5 (\text{人月})$$

2. ROI

（1）什么是 ROI

ROI（Return On Investment，投资回报率）表示投资应返回的价值，有时也用 ROC（Return On Costs，成本回报率）来代替。

（2）ROI 如何计算

根据不同的目标 ROI 会有不同的计算方式，常见的计算方如下。

$$\text{ROI} = \frac{\text{税前年利润}}{\text{投资总额}} \times 100\%$$

例如，一个项目的全部成本为 20 万元，预期全部收益为 80 万元。

$$\text{ROI} = \frac{\text{全部收益} - \text{全部成本}}{\text{全部成本}} = \frac{80 - 20}{20} \times 100\% = 300\%$$

3. 成本构成

人力成本主要指开发成本和运营成本，包括全职人力成本、外包人力成本、人员流失成本、加班成本和未来业务增长成本。

非人力成本包括采购设备成本、软件许可成本，以及为了降低错误率、降低延误率、提高风险管理能力、维护企业声誉而投入的成本。

4. 效益评估指示

效益评估可从风险、效率产能、准确度或精准度、交付周期、成本及回报率和扩展性等维度进行分析。

1）风险：项目实施可能对业务、系统、人员带来的影响。

2）效率产能：通过人工操作与 RPA 操作带来速度上的提升。

3）准确度或精准度：通过人工操作与 RPA 操作带来质量上的提升。

4）交付周期：需要根据交付周期来确定项目的成本。

5）成本及回报率：通过成本收集、运营监控计算得到数据上的参考。

6）扩展性：须评估后续业务是否可扩展。

7.3 需求调研分析

站在企业的角度，由于 RPA 项目的实施必须能为企业带来效益，因此业务流程的效益分析是需求分析的重要环节。并不是所有的业务流程都适用 RPA，如果一个 RPA 项目落地困难，可能是技术问题，也可能是因为业务流程不适配，需要经过充分的调研和全面的分析规划以选定适合的部门及业务流程。

在需求调研分析阶段，结合流程挖掘阶段形成的业务流程梳理列表及可行性分析报告，对初步判断可行的流程进行更进一步的需求分析，结合调研对象，根据调研提纲及问答记录来分析项目需求。分析对象主要分为两项：一项是客户提供的资料，如客户企业现状介绍、整体组织及部门架构图、流程操作手册、流程操作文件样本、流程操作步骤的截屏和内部控制手册，以及针对现有产品的介绍、功能演示等资料；另一项是根据流程挖掘阶段形成的业务流程梳理列表与可行性分析报告，结合自身的理解、观察，对调研内容进行整理，对流程数据进行分析与评价，形成需求分析报告。

下面针对流程本身特点和流程实现两方面，详细介绍如何进行需求调研分析。

1. 流程本身特点

流程具备流程参数、复杂度、自动化比例、效益等要素，可从这些要素入手，对流程的特点进行分析。

（1）流程参数

包括现有流程每月、每周、每天重复执行的次数，单次执行所需时间等。RPA 应用首选大量且重复、规则清晰的流程。

（2）复杂度

若企业处于 RPA 应用的试点阶段，那么过于复杂的流程是不适合企业试点 RPA

实施的，简单或中等复杂程度的流程或子流程是这一阶段实施 RPA 项目的最佳目标，企业可以在 RPA 成熟后再着手扩展复杂的流程。流程的复杂度可以通过流程关键节点数量、流程架构、业务本身的风险、业务规则等方面来衡量。

（3）自动化比例

流程中涉及人工决策判断的场景需要通过人机协同设计实现，即由人和机器人共同完成一个流程，由人来操作决策确认部分，机器人获得人的指令后执行后续操作。RPA 的最佳定位应该是业务辅助工具，人利用其完成基础流程的操作，节省更多的时间从事更有价值的工作。创造最大的流程自动化比例是流程分析判断的要点。

（4）效益

效益由收益与成本组成，RPA 项目实施是否能带来效益是判断是否实施 RPA 项目的重要一环。应从经济效益与管理效益两个维度来考量，经济效益主要通过 FTE、ROI 等指标进行分析；管理效益主要通过 RPA 给业务、部门、企业带来的效率，价值提升等方面来评价。

2. 流程实现

流程实现是将流程业务需求向 IT 需求转化的过程，可从以下角度进行分析。

1）是否处理非结构化数据，数据是否是标准可读的文件类型，如 Word、Excel、PDF、通过 OCR 可以读取的图片等。若需要处理非结构化数据，则流程实现难度会加大。

2）是否含有数据库操作流程，流程中是否涉及数据存储、历史数据调用、数据更新等操作。

3）是否包含跨物理网络数据传输的自动化，是否使用数据队列实现流程自动化。

4）人工智能组件是否支持图像识别、图像处理技术、自然语言处理等能力。

5）运行环境，包括 Windows 操作系统、国产操作系统、Unix、华为 openEuler、其他 Linux 发行版等，场景中是否需要处理运行环境的异常。

6）部署模式，包括私有化本地部署、云端部署、云端管控＋本地机器人部署、云端管控＋云端机器人部署和其他模式。

7.4 需求调研评价

通过需求调研分析，可从难度与量度两个维度深度评价需求场景，为后续 RPA 设计和实施提供足够的数据依据和信息支撑。

（1）基于难度维度的需求评价

基于难度维度的需求评价可以从场景、实现、管理 3 个角度进行考量，主要体现在业务规则、数据处理、内在风险、流程设计、技术实现等方面，划分为简单、中等、复杂 3 个等级予以评价。通常，首选简单的场景或是复杂场景下的子流程。

1）业务规则。流程具有清晰的业务规则，不需要人为抽象分析，评价为简单；流程涉及贯穿其他的重复过程的变化，评价为中等；若业务规则要求情景诠释、推广和图形识别，评价为复杂。

2）数据处理。特定场景下，各环节对数据内容的输入、处理或输出过程。流程不涉及对非结构化数据进行处理，评价为简单；流程涉及决策，且需要历史数据、知识以及这些数据需要存储，评价为中等；若需要大量的历史数据用于认知训练，且需要吸收专家的知识，评价为复杂。

3）内在风险。流程操作只涉及系统登录、读取数据、录入数据，不含人为决策判断即流程没有内在风险，则评价为简单；若流程需要人工审核及监控，内在风险较高，则先评价为中等或复杂，再根据人工决策、监控数量来判断，数量越多则越复杂。

4）流程设计。流程设计难度主要体现在业务场景是否涉及多部门、多系统，部门、系统越多则难度越大。

5）技术实现。RPA 开发过程中若需要人工智能能力，则评价为复杂。反之，评价为简单。

（2）基于量度维度的需求评价

基于量度维度的需求评价主要围绕一些可量化的指标来进行。

1）流程自动化比例。在业务流程中，可以实现自动化的占比是多少（流程自动化人工处理占比 + 业务流程自动化率 =1），如不需要人工处理即表示 100% 自动化。

2）流程直接收益。使用 RPA 机器人后的流程直接收益体现，包括单次节省的时间，综合月度、年度计算节省的总时间成本、人力成本，以及 FTE、ROI 指标。

3）流程间接收益。一般指 RPA 流程带来的准确率、运营效率等管理方面指标的提升。RPA 是机器人自动执行操作，对人的依赖性非常低，它在清晰流程的规则下运行，不涉及对员工的训练，可以通过与普通员工的执行结果进行对比来判断人力、物力上是否能得到节省，以量化其间接实施收益。

7.5　流程定义文档

流程定义文档（Process Definition Document，PDD）用于记录业务流程详细的操作步骤和业务规则，定义流程的范围和功能，相当于软件开发中的需求文档。流程定义文档应该涵盖流程所有的操作步骤，并提供完整的业务处理规则和相应的处理场景。不完整的流程定义文档会直接影响项目的开发周期，甚至导致项目失败。流程定义文档相当于客户和 RPA 实施团队之间的协议，一旦该文档被客户确认，就意味着双方达成协议，只有特殊原因双方才可以协商修改。

在撰写流程定义文档的过程中，要把自己设想成一个机器人，用机器人的思维来撰写，机器人是不具有理解能力的，它的每一步执行都基于精细化的步骤和规则，那么在流程定义文档里就需要给予机器人清晰、详细的步骤说明和前提条件，清楚告知需要的信息，这样机器人才知道该怎么执行，而不会出现运行中断的情况。

流程定义文档主要包含工作流程描述和自动化流程描述两部分。

1. 工作流程描述

这部分可以采用流程图、截图、录屏，或者其他支持性文档予以阐明。在使用客户材料的情况下，应与客户确认是否与当前业务流程一致，并详细说明每个环节涉及的应用系统和环境，标注受影响的组织结构，如业务流程的输出项或决策点是否需要某部门审核。

2. 自动化流程描述

这部分可以通过使用 RPA 的过程来说明，阐明 RPA 机器人可以完成的工作，以及需要与人交互的部分。

优秀的 RPA 流程通常通过以下四步完成。

（1）收集资料

RPA 业务分析师首先需要收集业务需求部门发来的所有流程的资料，包括公司整体组织及部门架构图、公司现有的流程操作手册、流程操作文件样本（Word 文档、Excel 表单、视频 / 音频、PPT 等）、流程操作步骤的截屏和内部控制手册等，详细了解客户的业务流程信息，包含涉及的业务场景、每月的人力投入、每月的业务重复量、流程图、流程步骤详细说明、流程所在部门、所涉及的业务数据量、交互的系统环境、与上下游流程的关联性、流程的起止点、术语解释等一系列与流程有关的信息。

（2）熟悉业务

根据收集的流程资料，熟悉业务流程的需求后，RPA 业务分析师分别与经验丰富的流程主题专家、相关业务部门的经理、最终流程客户进行访谈，进一步熟悉业务流程列表中各流程的具体操作步骤。最好的做法是在客户的指导下，根据现有的工作模式，将每一项流程的每个节点都走一遍。因为文档和客户的描述难免会遗漏一些细节，所以通过亲身体验才能获取流程的真正痛点及需求点。业务分析师通过详细观察业务流程运行过程，理解业务人员的诉求、目前碰到的问题、存在的对环境和输入输出项等的特别需求点，或是针对现有流程的一些改进想法，对于不清楚的地方要及时与客户沟通，尽可能做到比客户更了解整个业务流程。

（3）绘制流程

在对现有流程需求的理解上结合 RPA 应用，将业务场景以业务流程图的方式绘制出来。常用的流程绘制工具有 Visual Graph、Smart Draw、Office Visio 等。在绘制时应使用标准的流程图形态和符号，让没有接触过业务的人和后续实施开发的项目组成员明白业务运行的步骤、规则和逻辑。

完整的业务流程图应涵盖业务需求简介、操作人员角色，标明机器人在哪个系统做的什么操作，备注输入、输出、逻辑分支、异常及处理方案等细节。

从业务角度可以将流程分成三级：部门间的流程、业务层面的流程、岗位的流程。其中部门间的流程一般为不同部门或不同系统间工作流程走向；业务层面的流程是指不同人员共同完成一个业务的流程走向；岗位的流程是指一种业务操作，或是人与机器人的协同操作。

可以将流程按照详细程度划分为四级，从 L1 至 L4，级别越高，对流程的描述越详细。

- ❑ L1 级：从总体上绘制这个流程是做什么的。
- ❑ L2 级：从涉及的业务模块或部门角度绘制流程的走向。
- ❑ L3 级：从涉及的场景角度绘制较粗粒度的场景。
- ❑ L4 级：绘制较细粒度的流程。

流程范围界定了这个流程涉及的业务边界，包含业务场景、每月人力投入、每月业务重复量、流程图、流程步骤详细说明、流程所在部门及涉及业务数据量、交互的系统环境、与上下游流程的关联性、流程的起止点、术语解释等一系列有关流程的信息。

在需求分析阶段，绘制流程图要求能达到 L3 级或 L4 级。L3 级流程图只需要描述清楚各个大功能模块的步骤和业务点。L4 级流程图基于 L3 级流程图绘制，详细描述流程中涉及的具体步骤，需要确保整个场景中前一步和后一步是连续的，中间没有断层，并且要明确画出流程分支，确保流程逻辑的完整性。

业务分析师在初步画出 L4 级流程图后，需要与客户业务人员进行讨论，确认 L4 级流程图的准确性和完整性，并根据讨论结果进行完善，直到获得业务人员的确认。

（4）详细步骤描绘

在 L4 级流程图的基础上，进一步对各步骤进行详细说明。按照流程定义模板文档，基于 L4 级流程图写出每个步骤所对应的详细步骤描述，并配上相应的截屏（针对截屏最好做出详细标注），确保截屏的连贯性。对有些步骤的不同操作和执行结果进行多个截屏，然后和客户确认流程的合理性、准确性和完整性。

尤其要标识输入输出项的规范和要求，说明流程每个环节所需要访问的环境、应用系统或软件工具，并罗列出每个环节的判断决策点。

7.6 本章小结

本章主要围绕需求调研，首先说明了需求调研阶段所涉及的主要活动，然后介绍了如何从流程本身的特点和流程实现两方面对需求进行分析，如何从难度和量度两个维度对需求进行评估，最后对如何撰写一份优秀的流程定义文档，以及流程图的绘制要求进行详细说明。

需求调研阶段结束后的输出项是流程定义文档，一份完整、清晰的流程定义文档相当于整个项目成功了一半，是后续项目实施的依据，也是客户的验收标准。

第 8 章 *Chapter 8*

流程详细设计

流程详细设计是 RPA 流程开发前的重要一步，是从逻辑上对流程功能模块的结构、算法进行描述，是从高层到低层、逐步精细化思想的具体实现。流程详细设计的输出项是流程详细设计文档，该文档为 RPA 开发人员提供了完整、可靠的设计约束，是编码阶段开发人员的主要参考资料和行动指南。

8.1 流程详细设计的意义

流程详细设计是在流程定义文档的基础上，厘清如何开发流程。详细设计流程的过程，实际上是对流程的一次逻辑构建，帮助项目组成员系统、客观地发现需求的本质，并归纳成可用于流程实施的规则或开发步骤，有效验证需求的完整性及正确性。

从目标对象来看，流程详细设计是对流程的公共对象、接口传参、组件调用等进行定义，对流程中涉及的重要组件、接口、数据结构、子组件进行设计与封装，并列明各逻辑分支的各种执行条件与期望的运行效果，以及如何对各种可能的异常进行处理，体现了软件工程领域对需求和设计的不断改进。

从项目角度来看，如果在需求调研完成后跳过流程详细设计直接进入开发阶段，极可能发生由于需求及设计不正确、不完整导致项目的进度延误和验收失败。流程详细设计对流程开发和后期的流程维护都具有非常重要的意义，如图 8-1 所示。

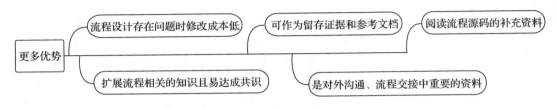

图 8-1　流程详细设计的重要意义

流程详细设计是需求调研与流程开发的中间环节，流程详细设计文档是业务分析师、流程设计人员与 RPA 开发工程师的沟通工具，发挥着需求方与实施方之间的桥梁作用，尤其当开发人员对业务不熟悉或某业务领域过于专业时，流程详细设计文档是双方的"翻译"文档。

对流程进行整体设计，对子流程进行详细设计，规范并约束一些实现方式，体现出在设计上的一些决策，例如选用什么组件，考虑一些关键问题的技术实现等，能帮助开发人员快速开发，提高沟通效率，保障流程开发方法的正确性和一致性。在设计阶段发现设计不合理的地方并及时修正，比等到开发完成后再进行设计更改投入的成本低得多。

流程详细设计文档提供了流程各分支节点与流程整体设计的关系、各节点重要操作的处理流程、重要的业务规则实现设计、数据结构设计等信息，比起流程源码的阅读，直接阅读流程详细设计文档会更轻松。流程详细设计文档也是对外沟通和流程交接过程中使用的重要资料，对于后期流程的功能调整和维护具有非常高的参考价值。

8.2　流程详细设计的方法

流程详细设计的主要任务是设计每个流程的节点、分支逻辑、组件调用、所需的局部数据结构，设计目标是保证流程业务规则实现的正确性、可测试性和可维护性，并且流程详细设计文档中的内容描述应简明易懂。

通常一个流程可以按下列步骤或方式，自顶向下逐步求精地进行详细设计。

1）为每个流程及子流程确定流程节点、流程分支的流向和控制结构，选择适当的工具进行表达，并写出子流程和流程分支的详细过程。

2）对流程调用组件进行划分，确定每个分支的传参、调用组件的传参，定义各参数的数据结构。

3）确定流程及子流程接口的细节，包括用户界面、对外部系统的接口、对系统内部子流程的接口，以及输入数据、输出数据及局部数据的全部细节。

4）对相关属性、文件模板、路径等重要配置项进行定义。

5）为每个流程及子流程设计一组测试用例，包括前置条件、输入数据、期望输出等内容，以便开发人员在编程阶段进行流程自测。

6）详细设计完成后提交评审，评审通过后形成正式文档，提交给 RPA 开发工程师进行流程实现。

步骤 1 中提到的工具是指图形化工具和语言工具，图形化工具有程序流程图、PAD（Problem Analysis Diagram，问题分析图）、NS 图（由 Nassi 和 Schneiderman 开发，简称 NS 图），语言工具有伪码和 PDL（Program Design Language，过程设计语言）等。经典的控制结构有顺序、If-Then Else 分支、Do-While 循环、Case、Do-Until 循环。

8.3　流程详细设计文档

前面提到，流程详细设计阶段的重要输出项是流程详细设计文档。那么，应该如何高效地输出一份高质量的流程详细设计文档呢？

一份完整的流程详细设计文档应包含引言、流程概述、流程功能描述和流程非功能描述，如图 8-2 所示。下面对每部分所包含的内容进行详细说明。

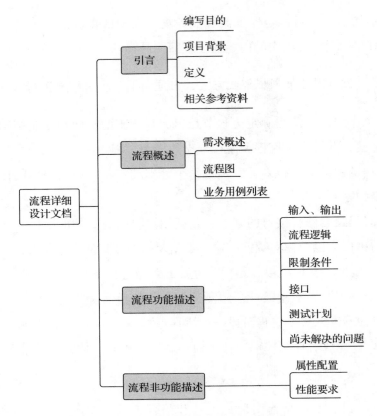

图 8-2　流程详细设计文档组成部分

1. 引言

1）编写目的：阐明编写流程详细设计文档的目的，指明读者对象。

2）项目背景：说明项目的来源、流程涉及的部门和职能角色。

3）定义：列出文档中用到的各缩写词的意思和专业术语的定义。

4）相关参考资料：列出相关资料的标题和来源，可包括项目计划、流程定义文档、架构设计文档等。

2. 流程概述

1）需求概述：对流程各场景操作的关键节点和操作步骤进行总结性描述。例如：

本流程为 ×× 场景，主要处理流程为登录 ×× 网站，查询 ××，下载 ××，对数据进行 ×× 处理后通过邮件发送至 ××。

2）流程图：用图形化工具绘制主流程各场景下的业务逻辑。

3）业务用例列表：列出从流程中识别出的所有业务用例。

3. 流程功能描述

1）输入、输出：定义流程输入项和输出项的数据类型、结构及所用文件模板。

2）流程逻辑：可采用标准流程图、PDL 语言、NS 图等方法详细描述流程的控制结构。

3）限制条件：描述前置条件、后置条件。

4）接口：说明连接方式和涉及的参数传递方式。

5）测试计划：说明具体的输入项和期待的输出项。

6）尚未解决的问题：说明本设计可能存在的性能问题、稳定性问题等。

4. 流程非功能描述

1）属性配置：说明组件调用的一些配置需求。

2）性能要求：说明该流程操作的性能要求。

流程概述中的业务用例列表是指对关键业务用例和非关键业务用例进行识别和概要说明。然后在流程功能描述中，对识别到的所有业务用例逐一进行设计描述。例如，"登录 ×× 网站"是一个关键业务用例，针对这个业务用例，在流程功能描述中，先拆分其具体的操作步骤，然后对每个步骤的组件调用、传参参数、输出进行定义，对登录成功、登录失败两种执行结果分别进行描述。

8.4 流程详细设计的生命周期

流程详细设计的生命周期可划分为创建与迭代、详细设计评审、流程实施中的迭代、维护与持续优化，如图 8-3 所示。

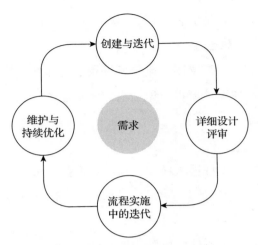

图 8-3　流程详细设计生命周期

1）创建与迭代：在该阶段，流程设计者需要与业务专家、技术专家不断沟通和分享，结合团队给出的问题和建议对流程详细设计进行快速创建并最终编写为一个相对稳定的版本。

2）详细设计评审：详细设计评审可以通过将文档以邮件发送给相关人员的形式进行浏览评审，也可以在团队内部，或邀请外部专家通过召开评审会的形式进行，在会议上由设计者对照流程详细设计文档对流程的设计思路进行解释和说明，参会专家提出问题清单、解决方案，流程设计者针对问题清单进行设计优化，直至评审通过。

3）流程实施中的迭代：当一份相对稳定的流程详细设计文档评审通过后，开发工程师按其内容完成流程开发。在流程测试阶段或验收试运行阶段，由于流程运行的依赖环境可能发生变化，或一些实际业务场景未考虑全面的现象，需要对流程的技术实现方式进行更改和优化，此时需要同步更新流程详细设计文档，始终保证文档内容与流程实际的实现方式一致。

4）维护与持续优化：流程正式上线后，随着业务的扩展，企业内部流程运作需要进行调整与优化，第三方应用和网站需要更新，这都要求对已上线的 RPA 流程进行持续迭代。此外，对同一问题的解决方案会受项目周期、环境因素、技术人员个人的经验能力的影响。在不同时期同一流程的实现方式和流程需要保障的侧重点是不同的，通常项目都会先保证基础功能上线，在运行过程中根据用户反馈进行迭代，或随着业务量的增大考虑进行性能优化。软件技术本身的设计模式和实现方式也在不断创新，定期对已上线的流程进行设计上的复盘也是很有必要的，这也能帮助设计人员快速将自身的设计能力提升到一个新台阶。

8.5 本章小结

本章主要介绍流程详细设计，首先阐述了 RPA 流程详细设计的重要性，然后详细介绍了流程详细设计的方法和流程详细设计文档需要包含的内容，最后介绍了流程详细设计文档的生命周期。

在整个 RPA 的实施过程中，对流程做好详细的设计，不仅能够支撑流程的开发、测试工作，还能在项目沟通中发挥巨大作用，为项目实施带来超乎预期的收益。

Chapter 9 第 9 章

流程开发及测试

在完成 RPA 流程的设计之后，项目团队便进入正式的流程开发与测试阶段。本章涉及的内容较多，从基础的环境管理到项目架构设计、流程测试等，全面介绍了流程开发与测试阶段的工作内容、建议及要求。

9.1　RPA 环境管理

RPA 与传统 IT 研发都具有依赖环境和运行环境。但是，RPA 在开发和生产运维的过程中对环境的敏感度与传统 IT 的是不同的，实施 RPA 需要更加重视对依赖环境的管理。

9.1.1　依赖环境的管理

依赖环境是指保证 RPA 稳定运行所依赖的环境，例如下载某桌面应用软件时，会有支持不同操作系统（如 Windows、MacOS、Android、iOS 等）的多款软件安装包供用户选择，这里的操作系统就是该桌面应用软件运行所需的依赖环境。

RPA 模拟人工进行操作，其运行会强依赖计算机环境。环境的任何变动都可能导致 RPA 运行异常。例如，当生产环境具备多个执行计算机，一个流程由控制器动态随机分配给某执行计算机时，如果执行计算机上安装的浏览器有的是中文版本而有的是英文版本，就可能会由于元素定位失败导致流程运行报错。再如，RPA 工程师在开发环境对涉及某业务系统的流程进行开发时使用的是具有 A 权限的账号，部署到生产环境后给机器人配置的是拥有 B 权限的账号，就可能因为权限不同导致无法定位到预期的目录链接。

在 RPA 的开发测试和生产运行中，所有会影响流程执行效果的环境都属于 RPA 依赖环境。在生产运营管理时，为了提高机器人的使用率，流程经常会被动态分配给空闲的机器人来执行，或当某计算机出现故障时，需要把在这个计算机上执行的流程切换到其他执行计算机上继续运行。为了保障不同执行计算机上流程运行的稳定性，减少因环境问题引发的开发调试成本，我们需要对 RPA 的依赖环境进行统一管理。

根据各类环境因素和影响对象，可将 RPA 依赖环境划分为 RPA 软件和自动化对象两类，如图 9-1 所示。

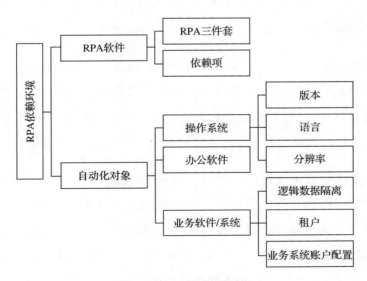

图 9-1　RPA 的依赖环境

1. RPA 软件

RPA 软件环境指的是 RPA 三件套安装运行的环境，应由 RPA 运维人员统一管理，确保 RPA 软件运行环境稳定、一致，例如使用低版本软件开发的流程在高版本软件环境上是否可以正常运行、RPA 的三件套程序和流程代码是否兼容等。RPA 产品本身也在持续迭代与优化，企业在实施 RPA 后一定会面临 RPA 软件产品版本升级的问题。在对 RPA 产品进行批量升级前一定要进行充分、完整的测试验证，确保新版本能够兼容旧版本，单流程逐步迁移。

2. 自动化对象

自动化对象是指 RPA 机器人自动化所操作和控制的对象，包括操作系统、办公软件、业务软件 / 系统等。业务系统影响依赖环境的因素有很多，如拥有不同权限的用户登录系统后，看到的菜单项、操作按钮、字段读写状态、页面布局都可能不同；有些业务系统还拥有多语言设置或多主题样式风格等用户自定义的配置项，这可能导致 RPA 模拟拥有相同权限的两个用户登录系统进行操作，流程运行的结果也会不同。对于 Word、Excel 之类的办公软件或桌面应用程序，由于程序的版本不同，或者执行在不同操作系统上，或者即便程序版本和操作系统都相同，也可能因为操作系统配置的原因，例如操作系统的语言、分辨率、文字大小设置等，引发流程运行的不稳定。

在实施 RPA 时，一定要提前考虑环境因素，在流程设计时就对其进行约束，为流程运行所依赖的环境制定通用的规范标准，并在开发时尽量采用这套通用的标准配置。流程开发时，可在流程节点中添加对依赖环境的校验，一旦流程运行失败，能迅速判断是否是依赖环境的问题所导致的报错。

运维人员要按照通用规范标准对每台机器的基础设施、操作系统版本与升级操作、桌面应用程序的版本与升级操作等进行详细登记和精准管控。为了确保环境一致性，可以采用系统镜像、容器、虚拟机等技术来建立统一的环境标准，实现批量标准系统的部署，提高运维工作的效率。运维人员还应记录不同流程所需的依赖项，定期维护依赖项目录，在构建机器人时将这些依赖性进行配置和校验。

9.1.2 运行环境的管理

运行环境是指从软件系统的开发、测试、验收到试运行和正式运行，都有与之对应的开发环境、测试环境、UAT（User Acceptance Test，用户验收测试）环境、培训环境、生产环境、仿真环境，在不能做到全覆盖的情况下，至少开发测试环境和生产环境是完全隔离的。

RPA 的运行环境不同于传统 IT 项目的，由于各种客观原因，通常无法提供传统 IT 开发过程所需的细分环境，机器人操作在很多场景下只能在业务系统的生产环境中直接进行，因此在无法获得测试环境的情况下，该如何既保证测试质量又确保在业务系统上的操作安全和数据安全，是项目团队在开发测试过程中需要提前做好合理评估和规划的。

我们可以将机器人操作的业务系统分为数据只读型和数据修改型。数据只读型对业务系统进行的操作是只读操作，不涉及业务数据的修改；数据修改型指操作过程中需要对业务系统相关的数据进行修改。对于数据只读型，我们可以直接使用正式的业务系统进行开发工作。对于数据修改型，若业务系统有条件提供测试环境，优先选择在业务系统的测试环境上进行开发；否则，为避免影响正常业务的运转和生产数据，可采用对生产数据进行逻辑隔离的方式开展流程的开发测试活动，具体可参考以下场景来实现对数据的逻辑隔离。

（1）创建特定的操作账号

为开发测试工作申请特定的操作账号，和实际业务的操作账号区分开发，便于跟踪及确认特定账号在系统内的操作，及时回滚业务数据。

（2）创建虚拟的业务对象

对于需要开发录入采购订单的自动化流程，项目组可以创建一个虚拟客户。在开发测试过程中，将采购订单的数据都录入这个虚拟客户名下，这样既不会影响业务人员的正常工作，也便于识别实施过程中产生的测试数据，方便日后数据库对数据进行维护和清理。

（3）使用数据暂存

若系统支持数据保存和提交两种状态，那么可以先开发流程到数据保存阶段，经业务人员确认无误后，再进行提交步骤的开发，从而避免开发过程中提交错误的数据。

（4）对执行结果进行确认

在开发测试过程中，可阶段性地与业务人员确认机器人的执行结果是否正确。当操作发生异常时，应及时与用户沟通，调整至该操作结果无误后再继续开发。

（5）保护敏感数据

部分 RPA 的操作会访问业务敏感数据，为了防止泄密，需要在访问过程中进行人工二次审核，并保存所有访问申请的原始记录，对系统的所有操作都做留痕处理。

9.2 项目架构设计

RPA 运行在更高的软件层级，它的非侵入性不会影响已有的软件系统。在 RPA 项目建设过程中，RPA 的项目架构设计需要考虑机器人与控制台之间的逻辑关系、机器人与业务系统之间的逻辑关系、网络安全和存储设计等。

9.2.1 项目架构的设计原则与方法

对 RPA 项目进行架构设计可遵循下列原则。

1. 单一流程原则

在面向对象设计原则中，单一流程原则是指对于单个流程对象应该只承担一个业务流程的执行职责，避免单个流程参与多个业务流程的操作。该原则可以让开发者专注于单一业务流程的实现与开发，同时避免流程嵌套增加运维难度和流程迭代难度。

2. 流程配对原则

在同一时间内，机器人、流程、运行终端应该是一一配对的，流程运行受制于运行环境、运行参数设置、数据安全以及业务需要的定制化开发等方面，项目架构设计应该考虑单个流程的独立性，避免在同一时间内在同一终端上运行多个流程，或一个机器人在同一时间内执行多个流程，这会增加流程运行的不稳定性，导致流程运行异常。

3. $N+1$ 设计原则

在任何情况下都需要考虑配备公共机器人组，以确保机器人宕机后流程能快速被其他机器人接管。建议生产环境配备两个及以上的服务端、机器人端和运行终端，并且当运行终端无法执行流程时，要有响应的应急预案，包括异常响应预案、异常处置预案及人工干预预案。

除此之外，RPA 项目架构还需要根据企业业务的发展进行前瞻性设计，企业在 RPA 概念验证阶段或试点阶段就应该考虑适合本企业的流程部署方案，结合企业所处行业的业务操作规范需求、未来业务扩展的需求、内外部合规审计的需求，尽可能多地识别 RPA 实施过程和运营过程中的风险，包括 RPA 产品本身的风险。

9.2.2　项目架构的构成与实现

RPA 项目一般包含控制器、服务端、流程代码、代理端及运行载体。在设计 RPA 项目架构前，我们应先对 RPA 的部署模型有一定的了解，图 9-2 展示了某通用型 RPA 的部署模型。控制器、服务器和机器人分别部署在不同的服务端，其中完成开发的流程代码被发布到 RPA 服务器上，机器人被安装在需要运行流程的客户机上，由控制器统一对机器人进行任务分配，对流程的运行结果进行监控和展示。当控制器为某机器人分配任务后，服务器告知某受控客户机上的机器人要执行的流程，机器人进行自动化的业务操作，并将执行结果发送给服务器进行统一管理。若执行过程中需调用某些 AI 算法组件，则机器人向服务器发送算法请求，再通过服务器发送给 AI 中台服务器，服务器收到返回结果后再将结果同步给机器人。

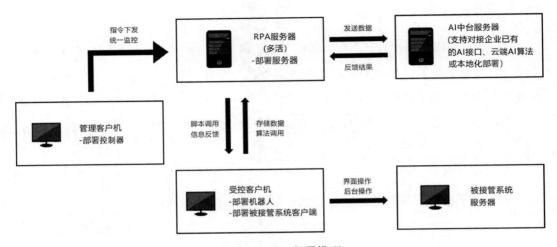

图 9-2　RPA 部署模型

　　RPA 项目的整体功能还涉及流程管理、日志管理、环境设置等，图 9-3 展示了 RPA 的功能架构。除这些功能外，一些成熟的 RPA 产品还会增加流程挖掘组件、流程集市等功能组件，用于流程挖掘和流程的快速落地。

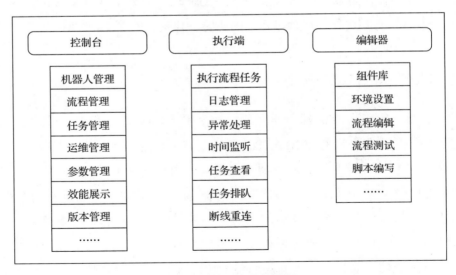

图 9-3　RPA 功能架构图

　　在了解 RPA 的部署模型和整体功能后，接下来在综合考虑企业现有的 IT 基础环境、网络架构、RPA 流程的具体操作对象的基础上，对 RPA 项目进行架构设计。

架构设计的重点是解决多业务部门之间的数据通信问题，保证业务数据的正常访问。一般企业网络环境划分为内网环境和外网环境，两者是物理隔离的，在对应环境的计算机上部署的机器人便可称作内网机器人或外网机器人。内网机器人执行企业内网范围的业务操作，外网机器人执行可访问外网的业务操作。由于一个 RPA 流程可能需要先后访问内网和外网来完成一整套业务操作，因此在内网机器人与外网机器人之间需要借助中间系统进行数据交换，或内网机器人通过隔离区进行外网数据的访问。

部署在这两个网段的机器人一般也需要借助 RPA 控制台进行数据交互。RPA 控制台可进行集群部署，包括在服务器集群中部署网络存储服务集群、数据库集群、缓存集群。对于需要访问互联网的 RPA 流程，可以在公有云平台购买服务器，专门用于获取外部数据，并将数据传递至企业办公环境。

下面从安全角度对 RPA 项目架构进行规范和约束。安全性设计是 RPA 项目架构非常重要的一环，是保证流程运行稳定、客户数据安全的基础，可从系统安全、应用安全、数据安全三方面进行考虑。

（1）系统安全

应防止入侵者伪造机器人身份；防止机器人在运行过程中对业务数据进行监听、篡改，或者通过克隆机器人、伪造机器人身份等方式干扰服务端调度、管理机器人。

（2）应用安全

要有保护系统文件访问安全和数据库访问安全的策略；系统应用用户不可直接访问文件和数据库表，系统应建立角色功能，建立最小权限；对通过人机接口输入或通过通信接口输入的数据进行有效性检验；应具备状态监测能力，当故障发生时，能实时检测故障状态并主动告警；有自动保护能力，当故障发生时，能自动保护当前所有状态。

（3）数据安全

RPA 机器人应运行在单个实体机或虚拟机中，来自互联网的数据请求须使用 HTTPS 协议的 SSL 加密方式；敏感数据必须由服务器统一存储；对于 RPA 控制台存储的用户信息及密码，须使用算法进行加密保存。

对于整个项目来说，良好的故障隔离和恢复机制也至关重要。为保证业务连续性，最好将关键节点都设置为可人工干预，确保在流程异常发生时，可通过人工接管的方式保障流程继续运行。

9.2.3 项目架构的部署方案

RPA 项目的整体架构按组织架构一般可分为集中式部署、分布式部署和混合式部署。

1）集中式部署是将机器人集中部署在某一部门，例如统一部署在 RPA 运营中心进行机器人的统一管理和维护。

2）分布式部署是将每个机器人当作一个服务，分别部署在不同的业务部门。

3）混合式部署是基于机器人运行流程的实际需求，分别部署在 RPA 运营中心和业务部门。例如，将涉及人工确认的流程部署在业务部门审核人的终端上，将所有获取外部数据的流程都部署在公有云服务器上进行统一获取。

图 9-4 是一种常见的混合式部署方式，机器人服务端分别部署在生产环境、办公环境和互联网环境中，由 RPA 运营中心统一管理。由于生产环境、办公环境和互联网环境相互隔离，数据交互需要借助中间系统进行，可以由 RPA 项目组构建中间系统，打通网络环境，也可以通过企业现有系统如文件系统、邮箱系统来进行数据交互。机器人分别部署在 RPA 运营中心和各业务部门，业务部门机器人由 RPA 运营中心服务端管控，且 RPA 运营中心设有公共机器人组，随时供各环境、业务部门使用，同一环境下的不同机器人可以借助服务器端直接通信，不同环境下的机器人可以通过中间系统进行通信，也可以借助各服务器端的通信进行数据交互。

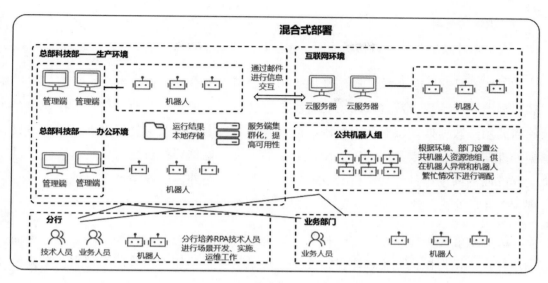

图 9-4　混合式部署

9.3　项目框架设计

在软件工程中，框架被定义为整个或部分系统的可重用设计，表现为一组抽象构件及构件实例间相互交互，也可以被认作为开发者定制的应用骨架。对于 RPA 项目，框架应该被认定为能够提供一个通用组件，开发人员能够在此基础上进行快速开发，更高效、更安全、更稳定地落地业务需要。本节主要分享 RPA 项目框架的设计思想和框架设计包含的内容。

9.3.1　项目框架的设计原则

项目框架是为了更好地服务开发人员而非限制开发人员，如何让开发人员能够有更多精力关注功能的实现，是项目框架设计的关键。目前市面上通用的 RPA 项目框架很少，借鉴成熟编程语言框架设计的原则与方法，RPA 项目的框架设计应该遵循分层原则、开闭原则和易用性原则。

（1）分层原则

该原则可以从业务逻辑和功能两个角度进行考虑。

从业务逻辑角度来看，所有的 RPA 流程都可以划分为数据获取层、数据处理层和数据结果展示层。数据获取层要解决数据的自动化配置、自动化校验、自动化存储与调用；数据处理层对数据处理可能涉及的处理方式提供可复用组件，如表格数据处理与转换、文档数据处理、图片数据的识别与处理等；数据结果展示层应提供交互方面的共用组件，如邮件交互、接口交互等。另外，应该为每个组件增加日志记录、异常处置、告警通知等公共组件功能。

从功能角度来看，为了支持 RPA 的定制化开发，可能会存在网页端操作、桌面应用操作、模拟鼠标和键盘事件操作等，通过为特定功能提供公用组件来协助开发人员高效地开发流程，并为他们提供流程组装模板。

（2）开闭原则

该原则是指在面向对象设计中，软件中的对象（类、模块、函数等）应遵循对扩展开放、对修改关闭的设计原则。为了保证流程的可扩展性，该原则对于 RPA 框架设计依然适用，提供给开发人员的公用组件在开发过程中不允许被随意修改，公用组件的修改须经过严谨的评审，同时支持流程开发工程中对于该组件进行独立扩展。项目框架应支持对该组件的功能进行增加或修改。

在框架设计时，应将组件的功能设计得尽可能灵活，一方面是功能组件可拼接，另一方面是功能组件可支持参数化配置。

RPA 产品本身已经为开发者封装了各种各样的基本操作，再进行组件封装是不是画蛇添足了呢？其实不然，所有的设计都是站在让开发者更专注实现业务功能上的，对于实现辅助业务功能的可扩展性也是需要框架支持的。

（3）易用性原则

一套项目框架不应让流程的开发变得复杂和难以维护，而是应该为开发者提供一个简单、清晰的流程模板或组件组装的方法，同时为开发人员尽可能多地提供可配置化功能组件的增减方案。

9.3.2　项目框架设计的实现

在进行 RPA 项目框架设计与开发的过程中，应当遵循安全、灵活、稳定、高效的原则，同时也要考虑到业务标准化对未来的可延展性需求。可以从业务流程的长度、复杂度、关键流转节点、检核点、校验逻辑等流程内部影响因素的角度出发，结合 RPA 运行时长、运行环境等外部影响因素，从需求衔接、本地化参数与配置、风控与恢复机制、结构化开发、快速拓展需求、全局性维护考量 6 个方面实现全面、完整的框架设计。

一个 RPA 流程的开发通常要经过环境准备、数据获取、数据分析、数据记录与数据发送过程，我们可将其划分为流程执行前、流程执行中和流程执行后 3 个阶段，对这 3 个阶段的开发工作进行框架约定。图 9-5 概括了 RPA 项目框架设计的一些考虑因素。

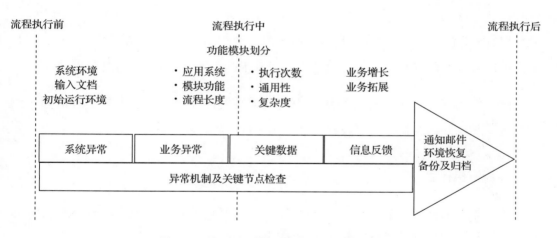

图 9-5　RPA 项目框架设计的一些考虑因素

1.流程执行前

在流程执行前，需要进行环境检查和分析，并对要满足的前提条件进行初始化设置，包括输入文档、配置文件、初始运行环境状态、软件版本等，以确保启动过程中所有的前提条件均已得到满足。

2. 流程执行中

在流程执行中，应根据流程运行涉及的系统、流程执行节点、流程长度等因素将整个流程进行切分，确保不同功能模块的低耦合性，并充分考量未来业务增长或拓展，预留衔接位置。

需要对常见的业务异常状态和可预见的系统异常状态进行梳理，定义异常码和相应描述，并将其按照异常类型、后续影响、特殊性等维度进行分类，如数据格式异常、连接异常、业务执行异常等。在关键节点对异常进行捕获，根据异常的划分进行不同的自动化流程指向，确保异常发生时能及时停止、跳过当前子流程并继续运行或者重新执行。对异常画面进行截屏，生成时间戳，打印日志并根据异常严重级别判断是否发送主动告警邮件。

还可以对一些关键节点的执行结果进行主动检查，输出详细的业务日志，这不仅可以在调试过程中提供帮助，也可以用于发现问题。根据业务需要对流程执行过程中的一些数据进行分析或汇总，例如将从 A 系统导出的某日数据自动录入 B 系统的流程，可在日志中记录本次流程共处理了多少条数据，其中有多少客户尚未上报最新数据等信息。

此外，当要将一个流程拆分成多个机器人来共同完成时，需要对流程队列、流程调度、数据临时存储等做好设计，保证事务的一致性和可回滚性。

3. 流程执行后

流程执行后按需进行执行结果的反馈、运行环境的恢复以及所有运行相关数据的备份归档，以便运行后续流程以及追溯历史记录。

9.4 流程组件库的搭建

RPA 组件库是由软件复用思想衍生而来的，目标是应对业务的快速发展，使流程快速落地。

从 RPA 流程设计来看，组件复用是对 RPA 功能实现的抽象，是一种逻辑思维的体现，是"高内聚、低耦合"的思想实践，可使流程更健壮、简单、灵活。

从企业 RPA 生态来看，组件复用和组件库的搭建是 RPA 运维管理的一部分，是建立完整的 RPA 生态体系的关键一环，是 RPA 流程共享、平台共享的基础。

从项目角度来看，RPA 组件库的价值主要体现在三方面：第一，提高工作效率，复用 RPA 组件模块，可大大提高 RPA 项目的开发效率；第二，降低成本，RPA 组件复用减少了流程实施过程中的重复性工作，降低了研发和开发成本；第三，提升质量，能够更广泛地应用并落地优秀的流程组件和代码模块，提高 RPA 运行质量。

9.4.1　组件的复用与原则

RPA 项目的组件复用可分为方法复用、组件复用、框架复用和流程复用 4 种。方法复用是指流程中对某一特定功能的实现的方法（如加密算法、数据格式转换等）的复用。组件复用是指流程中某一模块的复用，类似传统代码中的方法或某个设计模式，例如网站数据下载、邮件内容获取等。框架复用是指对项目所使用的流程框架的复用，例如框架具备的环境配置初始化、异常处理等。流程复用是指整个流程在不同地域、不同部门进行的多环境、多地域部署。

对于 RPA 流程来说，并不是所有的节点操作都有必要提取并封装为公共组件，我们可以从重复性、易用性两个维度来分析复用的必要性。

1. 重复性

重复性是指是否多个业务场景有相同的功能需求，判断方法根据流程复用级别的不同会略有不同，其中对方法、组件和框架的考虑基本和传统项目一致，在对流程的复用上，由于流程复用是对整个流程的复用，故重复次数不是考虑因素，对流程的复用需关注流程推广的范围。在复用推广过程中，因部门、地域的不同需要对其参数和部分组件进行适应性调整。有时还需要对运行环境进行适配，对于需要异地部署的流程，往往需要开发人员进行现场支持才能确保流程成功复用。

尽管流程复用在实际实施中会遇到很多挑战，但因为其能大大节省实施成本，所以收益也是相当明显的。

2. 易用性

易用性是评估复用组件是否好用的标准，主要评估该组件的扩展性、短期执行收益、长期执行收益，以及是否能够提高整个 RPA 项目组的技术水平。要解决的问题是在实际流程开发中能否帮助开发者快速实现流程需求，同时也要考虑解决问题所能产生的收益，该收益应主要考虑长期收益，避免只着眼于短期收益。例如，在流程中大量使用自定义的脚本语言处理业务逻辑，短期上看，该流程的开发速度较快，但长期来看，在一个低代码平台中过多地采用脚本语言往往会增加后期流程维护和运维管理的难度，为未来增加无形成本。

9.4.2　搭建组件库的可行性方案

对于组件的复用，主要有以下 4 种实现方式。

1）以框架为基础，遵循 RPA 项目框架的设计思想将公共组件整合进来，如异常处理、邮件通知等。

2）通过分解功能模块，进行组件功能的复用。

3）将整个流程分割为若干个小功能组件，通过拼装功能组件，组成所需流程。

4）在流程集市中已预设一些公共组件，通过检索找到合适的组件后，在应用过程中对其进行私有化改造。

图 9-6 展示了组件库复用的分析模型，该模型阐述了 RPA 流程组件库搭建过程的所有活动。我们可以在流程分析阶段建立统一的文档模板库，供需求调研、可行性分析时使用。在流程设计阶段对项目框架、组件和流程进行复用。在流程实现阶段将完成封装的组件或流程上传至流程集市，作为案例供其他流程复用。

对于流程组件和整个流程的复用需要以企业实际 RPA 应用的部署架构为准，投产运维期间再考虑更复杂的复用方案。图 9-7 是某企业多环境下的组件库复用方案。

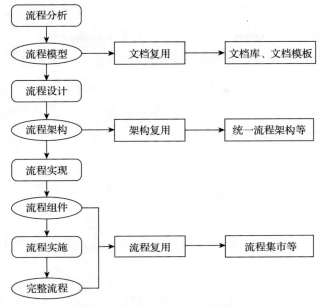

图 9-6 组件库复用的分析模型

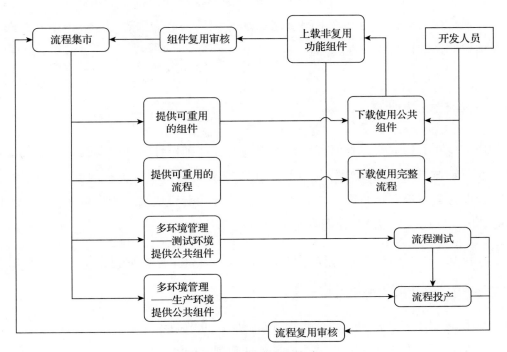

图 9-7 组件库复用方案

需要强调的是，企业在搭建组件库的过程中，除了对组件开发所用的技术进行管理外，还需要建立一套严格、完善的管理体系和方法，对支持复用的组件进行全生命周期管理，包括复用项的评估管理、组件代码审查、流程集市上架前评审、组件代码更新、代码维护、配置管理、发布后可调用的权限管控、代码退役等，允许企业内部团队基于代码库快速完成业务流程的开发，让熟悉业务流程的业务团队自行发挥，打造属于自己的 RPA 机器人。

9.5　RPA 流程设计与开发规范

一套严格的实施标准能从各个方面推进项目快速、准确、高质量地完成，确保项目顺利落地。

我们从大量项目经验中总结了一套开发规范与标准，涵盖注释、日志、排版、目录、版本、命名等多个维度，应用于整个项目，从而提高项目开发效率和质量。RPA 开发标准与编码规范是在 RPA 流程组件开发阶段必须要遵循的标准，旨在提高RPA 项目的系统性与统一性。

9.5.1　流程设计规范

RPA 开发工程师在理解流程定义文档和流程详细设计文档的前提下，根据流程的业务逻辑对需求进行功能模块分解。在实现上要遵循项目统一的框架设计规范，以主流程为整体流程运行窗口，以子流程为拆分功能模块运行，尽可能使每个大的功能模块独立运行，以便于进行功能测试验证及调试。

对流程各节点的操作要做好容错处理。例如，对于用户通过网页进行系统登录这一场景，可对下列节点做容错处理。

1）登录用户名、密码、验证码输入错误时，可做循环登录。

2）对网页加载超时进行重试，或打开加载延时的等待处理。

3）预先考虑信息读取为空的情况。

4）登录成功后对不确定页面数量的网页进行翻页处理。

5）动态选择目标文件。

6）保证异常情况流程不中断，并可配置发送邮件提醒。

7）对数据进行更新操作要有事务的设计策略，流程中途执行错误能进行批次回滚，保证数据的一致性。

8）如果流程可重复多次循环运行，则需要保证数据的完整性。

9.5.2　开发规范

RPA 开发规范的主要内容如下。

1. 技术规范

1）约定 RPA 开发设计过程中的技术选型和依赖应用程序集版本，保证流程开发过程中团队使用同一技术栈进行开发，且依赖的程序集版本一致，如 RPA 项目中使用的开发脚本语言、引用的第三方代码库、常用工具、运行依赖的执行端环境和服务器环境等。

2）制定统一的项目开发框架。

3）建立清晰、统一的流程目录结构。

2. 命名规范

根据团队内部定义的规则对参数名、组件名、流程文件名、变量名等进行规范命名，命名方式的约束应能明确区分参数、组件、流程、变量等类别。对于参数命名可采用编程语言驼峰命名法则，并结合企业使用的 RPA 产品统一使用中文命名或英文命名。具体可参考下列规范进行约束。

1）在每种代码范围内使用不同长度的规范名称，例如循环计数器用一个字符 i 表示，条件和循环变量用 1 个单词，方法名用 1~2 个单词，类名用 2~3 个单词，全局变量用 3~4 个单词。

2）变量名应尽量用小写字母，如有多个单词，使用下划线隔开，不能包含空格。常量全部采用大写字母，子流程命名全部用小写字母，如有多个单词，使用下划线隔开。项目命名采用大驼峰式，即由一个或多个单词连接在一起，每一个单词的首字母都采用大写字母。

3）为变量指定一些专用名词，如果单词较长可以用缩写。不要用编程语言的保留字，如 value、equals、data 等变量名。

4）变量名要使用有意义的名称，要能望文生义，应能反映其具体的用途，既简短又具有描述性。

5）不要在变量名前加前缀。

6）慎用小写字母 l 和大写字母 O，因为可能会被错看成数字 1 和 0。

3. 子流程编写规范

1）对于流程参数，即流程中所有可以复用的变量（如用户名、密码、存储路径等），都必须通过统一的部件控制。

2）对于系统参数，即所有公共变量，最好能存储在服务器"共享变量"中，由服务器统一控制。不能连接服务器的可以存储在本地的"参数表"中，方便后期通过修改参数表来控制内部的变量。

3）做好未知事件和已知报错的容错处理。流程中的子流程和分支都可以做未知事件容错，对于已经知道哪些步骤会报哪种错误的，单独进行容错处理。

4. 函数编写规范

1）所有自定义函数都要加注释，不易理解的语句应单独加注释。

2）通用模块最好用函数或子流程统一定义，防止程序过长。

3）函数内部变量最好都进行初始化定义。

4）流程编写完成后，删除无用的 print 语句。

5）在编写自定义函数时，先查询并确认是否有已封装好的组件或函数可以直接调用，防止重复工作。

6）函数的功能要单一，不要编写涉及多用途的函数。

7）尽量使用 pandas 来处理 Excel，减少流程运行时间，提高流程运行的效率。如必须用读单元格，尽量放到函数中实现，增加流程的可读性。

5. 控件处理规范

1）浏览器控件流程每次打开窗口都给窗口设置最大化，关闭多余标签页，清空浏览器缓存，且尽量少用图像识别，因为浏览器大窗口和小窗口对于同一个图片可能会识别失败。

2）如果某些页面有缓冲，则必须等待缓冲完成后再进行下一步，不然会导致后面的操作被影响。

3）桌面程序控件，尽量通过句柄来捕捉控件元素。

4）对于键盘处理的流程，所有键盘输入的事件必须加前后延迟。因为键盘事件没有报错，所以切换页面和一些关键的节点最好都加上图片是否存在、图片检测的等待事件。

5）对于 Excel 或 Word 等的文件操作，打开前先判断路径是否存在，以及文件是否已经打开，如果已经打开，则需要关闭后重新打开。

6）对异常报错做好捕获和重试机制，并截屏保存。

6. 文件夹命名规范

1）文件夹命名统一用驼峰命名方式，首字母大写。

2）本地命名统一用英文命名，可以用缩写，不可以超过 25 个字母。

3）参考业务实际人工操作时本地文件夹的命名方式来命名。

7. 文件存储规范

1）不同类型的文件按分类存储在不同的文件目录下，如模板文件、结果文件、日志文件、临时文件、异常信息、版本信息、配置信息。

2）所有获取的数据源文件都需要统一转移到历史文件夹下，不能做删除处理。

3）做好文件的版本迭代管理和迭代内容管理，以便版本追溯。

4）不管是流程代码还是数据文件，改动前都要做好备份（尤其在生产环境中）。

5）对于密码的管理，需要将密码进行加密存储。

6）异常信息包括流程异常的截图、录屏和其他相关异常信息。

8. 日志规范

1）流程中的日志记录一定要有意义。

2）可从正常业务操作日志、告警日期、错误日志、统计日志、性能日志等维度对日志进行分类。

3）日志记录中的一些敏感数据要做脱敏处理。

4）异常信息的日志内容要详细，便于问题的排查和定位，可参照以下格式。

```
-------------------------------start-------------------------------
2021-09-11 15:20:34 error:[ XXXXXX]节点出现异常，异常信息为[XXXXXXXXXXX]。
2021-09-11 15:21:56 error:[ XXXXXX]节点出现异常，异常信息为[XXXXXXXXXXX]。
--------------------------------end--------------------------------
```

5）日志文件可按日期创建，并以日期命名，方便日后查找。

6）定期查看磁盘容量，清理日志文件。

9.6 流程研发

流程研发是根据需求文档和详细设计文档完成流程开发的过程。该过程的主要活动有流程开发与自测、流程代码评审和流程优化，如图 9-8 所示。

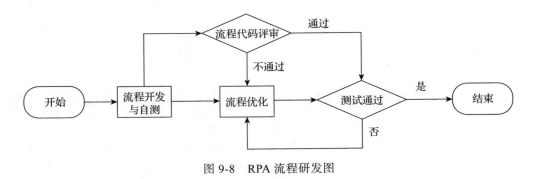

图 9-8 RPA 流程研发图

9.6.1　流程开发与自测

流程开发要遵循开发规范，根据流程详细设计文档的描述来实现组件的调用，按流程详细设计文档中约定的参数配置进行变量的赋值与拼接。通常单个 RPA 流程的开发可按下列步骤展开。

1）在整个 RPA 程序框架下，搭建待开发流程主辅程序的调用方式、预处理 / 中间处理 / 后续处理，以及配置文件的读取方式，并预留异常处理和程序补偿机制的处理方式。

2）以流程中某个实例的正常处理过程为基础来开发 RPA 程序，将业务数据以常量的方式表达，快速实现流程需要的自动化技术，并尽早发现可能存在的技术障碍。

3）当正常处理流程可以自动运行后，按照业务处理要求，在 RPA 中加入必要的循环处理、分支处理，并将原程序中的业务常量数据转换为参数变量。

4）在满足了正常处理流程之后，开发人员需要在 RPA 程序中增加必要的日志跟踪和异常处理。异常处理需要覆盖可能出现的业务异常和系统异常，并设计相应的补偿机制。

5）RPA 程序开发完成后，进一步审查代码，将程序中的部分参数改为读取配置文件的方式，为环境变更等定义项配置文件。

6）开发完成后，完成流程自测。自测通过后，提交测试人员进行测试。

9.6.2　流程代码评审和流程优化

流程代码评审是在开发人员编码完成后，进行的一次针对该流程具体技术实现的人工审查。审查人员应选择熟悉业务与技术的专家级人才，审查形式为由开发人员讲解流程整体逻辑、组件调用和重要功能的代码实现细节。审查是为了检查流程架构是否清晰、代码实现是否规范合理、异常处理是否考虑详尽、流程运行效率是否在业务可接受范围内、方法是否合理等多个方面。

针对评审期间提出的问题与优化建议，按表 9-1 所示对评审问题进行记录，写明问题解决方案，明确责任人和解决时间。问题解决后可再次召开评审会议，确认问题是否解决，并更新确认人和确认时间，留存评审记录。

表 9-1 组件评审问题记录

问题内容	提出人	问题解决方案	负责人	解决时间	确认人	确认时间

流程代码评审完成后，由相关责任人对流程进行优化和完善。在保证流程运行基本无差错的情况下，该过程可以与流程测试过程同步进行。测试人员对流程展开测试，开发人员对测试人员提出的缺陷项进行修复，直至完整流程验收通过。需要注意的是，若涉及的优化改动内容与最初流程设计文档的描述有冲突，须及时更新流程设计文档，并将未涵盖的内容及时补充完整，保证流程设计文档的描述始终与最新的流程实现一致。

9.7 流程测试

流程测试是 RPA 项目上线前的关键环节，流程组件评审和自测属于流程测试的一部分。本节主要讲述流程开发完成之后如何对 RPA 流程进行系统性测试，以验证开发结果，规避潜在的功能性或业务线风险，确保流程稳定运行，从而保障项目能正常上线。

流程测试阶段的主要活动有环境准备、制定测试方案、测试用例评审、测试用例优化、执行测试、缺陷问题追踪及回归测试和发布测试验收报告等，如图 9-9 所示。

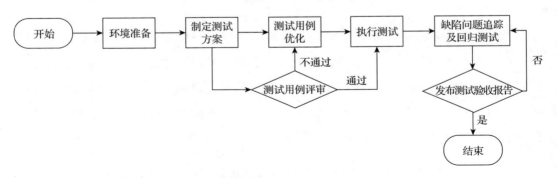

图 9-9 流程测试流程图

9.7.1　测试前的准备

在执行流程测试前，需要准备好测试环境，并针对需求制定测试方案。

RPA 的运行依赖于系统环境，高度一致的环境可以减少不必要的流程配置、切换和调试时间。在理想情况下，开发环境、测试环境和生产环境应相互独立，项目组员须提前准备好测试环境，以便后续测试顺利开展。在实际项目开发过程中，由于 RPA 涉及诸多第三方系统的交互，许多第三方系统没有测试环境支撑，需要测试人员对所有涉及的第三方系统环境进行梳理，根据实际情况来制定不同的测试方案。

测试环境和生产环境可能在系统和数据上都存在差异，测试人员必须准确评估测试环境的系统版本差异是否影响流程测试的正常开展和上线后流程的正确执行，还需要在测试环境中准备充裕的测试数据，以保障后续的流程配置和稳定性测试。

此外，RPA 软件机器人有可能涉及多个系统登录账号的问题，不同账号权限不同，所看到的界面也不同，最好在测试账号和生产账号中准备 RPA 机器人的专属账号。

与传统的软件项目相同，在测试执行前需要制定测试方案。测试方案需要确定流程测试的时间和测试范围，确定与配合部门的测试分工和沟通机制，包括第三方系统的支持人员名单，确定测试工作计划和测试用例。

测试用例的设计是流程测试质量管理的重要环节，测试用例的编写必须规范。一条完整的测试用例应至少包含测试用例标题、测试描述和优先级划分。测试用例的标题应简明，突出测试点，易于理解。测试用例的描述应包含测试执行的前置条件、测试执行步骤和明确的预期结果，其中前置条件可用于说明具体的分支场景、执行端运行的浏览器版本、流程触发条件、输入的测试数据 / 文件、测试账号角色权限等。优先级划分是根据缺陷的严重程度，或从哪些测试用例需要更频繁执行的角度对用例进行划分，通常可划分为 BVT（Build Verification Test，版本验证测试）、高、中和低四类。

1）BVT：也叫冒烟测试，如果未通过，试图做其他测试是没有意义的。

2）高：将最常执行的，用于保证流程重要场景和基本业务规则都覆盖，保证主流程功能稳定的测试用例标识为高。

3）中：将测试分支流程的详细功能、业务规则、重要的错误、边界和配置测试的测试用例标识为中。

4）低：将较少执行的测试用例标识为低。这并不意味着这些测试不重要，只是不常运行，例如错误信息、可用性、时间占比、压力和性能测试。

编写测试用例时，应在流程定义文档、流程设计文档的基础上，采用场景法、路径法或其他方法，梳理每个业务流程的操作步骤，每个测试用例应该都是一个典型的业务操作，使每条测试用例可以有针对性地测试某一流程分支。测试用例要符合用户常用的业务操作习惯，尽量从用户的实际操作角度去编写。每个模块可以交叉，不要被具体模块限制，重点测试不同子系统之间的功能衔接、数据流向以及完成业务功能的正确性和便利性。测试用例可从功能性、稳定性、安全性、RPA 流程执行时间占比等多方面进行设计。

测试用例设计完成后，应组织测试人员、开发人员和业务部门共同参与测试用例评审，测试人员根据评审意见进一步修改和完善测试用例，开发人员也可以借助测试用例评审自查开发过程中遗漏的地方。

9.7.2 执行测试及问题追踪

测试用例评审通过开发提测后，测试人员便可以按测试用例的优先级进行测试的执行工作。流程测试通常按照先测主流程、后测分支流程，先测子系统内流程、后测子系统间流程的原则来展开。主流程是指按照正常情况实现的业务流程，包括正常的流程发起、正常的系统操作与数据交互和正常的流程终止。分支流程是指特殊场景下的业务流程，包括流程发起、流程运行中间过程和流程终止环节任意节点的异常数据处理、文件或邮件接收 / 发送异常处理、响应超时处理、异常中断处理。

测试过程中，应特别验证主流程和分支流程的业务日志和异常日志是否详细、规范，敏感数据是否进行了脱敏处理，流程运行过程的用户体验是否友好，流程异常中断后是否可以通过重试机制进行自动恢复，流程执行过程中发生异常中断是否会生成垃圾数据，是否有健全的补偿机制进行流程的自动回退与数据清理。还需要在多终端进行测试，以充分了解流程运行对环境的依赖。

与传统 IT 项目不同，流程测试还需要对流程执行时间占比进行测试，以评估是否满足业务处理的时效性需求。RPA 流程执行时间占比包括总占机比、模块占比、等待占比。

1）总占机比：指流程运行时间占 RPA 机器人工作时间的比例，主要是从机器人流程编排角度考虑，总占机比低且启停时间可自定义的流程分值最高。

2）模块占比：指 RPA 流程中各逻辑模块占流程运行时间的比例。为了优化流程实现方式，占比过多的模块应考虑其他实现方式。从获取数据、处理数据、发送数据 3 个模块的流程来看，一般情况下获取数据时间应大于数据处理时间，倘若数据处理占比过大，甚至超过数据获取占比时间，就应该考虑其实现方式是否合适。

3）等待占比：指 RPA 流程等待时间占流程运行时间的比例，多发生在需要操作第三方系统或网站的场景中，流程中应尽可能减少等待时间的占比。

测试人员一方面可以通过查看各流程节点的日志记录来统计模块占比和等待占比，另一方面也可以根据主观感受，判断流程执行时间和响应时间是否可以被业务接受。

在测试用例的执行过程中，测试人员应对每条测试用例的执行结果进行通过 / 失败的标注，对于测试不通过的测试用例应记录相应的缺陷（Bug），交由开发人员进行处理。开发人员修复完成后，测试人员应对其进行验证，并对相关流程进行回归测试。对于有争议或优先级不高的问题，可由项目组共同讨论并确定是否必须修复或是可延期处理。

要有专门的质量管理平台对测试用例和缺陷进行统一管理和信息共享，并在团队内部建立明确的规范制度和沟通响应机制。例如，对于测试用例的执行，是只需标识该测试用例的执行结果是否通过，还是需要对整个测试过程进行录屏或对测试执行结果进行截图，以符合特定行业的质量规范或审计要求，在项目初期就应提前约定。对于缺陷的录入，要求测试人员必须按指定模板清楚填写缺陷的前置条件、执行步骤、实际执行结果和期待执行结果，并附上截图或录屏以便他人快速理解。对于缺陷的不同优先级和严重程度，应与开发人员约束响应机制，确定好完成修复的时间节点，以便测试人员及时验证，合理安排后续的系统性回归测试，保障测试效率。

9.7.3 发布测试验收报告

流程测试通过后，测试人员需要编写测试验收报告。测试验收报告包括本次测试的测试对象和范围、测试环境、测试用例执行情况、问题修复情况和尚留的问题列表及处理意见。发布测试验收报告表示流程测试通过，可提交业务人员进行流程验收测试。

测试人员还应协助准备上线材料，对配置文档、部署文档进行验证工作，确保配置文档中记录的配置项没有遗漏，各配置项对应的值都设置正确，部署文档步骤清晰、没有遗漏项。对于 RPA 流程来说，无论测试如何覆盖，由于流程依赖第三方软件和网站，很难将所有的生产问题都考虑进去，因此在测试阶段需要平衡项目的进度和投入成本，不一定需要覆盖所有的测试路径。只要保证流程有足够完善的异常处理机制，能记录详细的异常日志以便问题排查，能对突发事件自动补偿和及时反馈，日后能快速对流程进行修改、优化、重新部署，就能保证业务流程的连续性。

9.8 本章小结

本章主要围绕 RPA 流程开发及测试阶段所涉及的工作项，详细介绍了 RPA 环境管理、项目架构设计、框架设计、流程组件库搭建、流程设计与开发规范、流程研发和流程测试各方面的工作内容、实现方法和注意事项，希望读者能从中受益，帮助所在团队制定 RPA 框架与开发规范，提高 RPA 流程的开发效率和交付质量，提升流程运行的稳定性和健壮性，帮助运维团队更好地管理、维护业务流程。

流程验收与流程部署

在 RPA 开发和测试团队交付完成流程的开发与测试后，便进入流程验收及部署阶段。本章将介绍流程验收和流程部署的具体工作及干系人，以及在这个阶段需要注意的各类事项。

10.1　流程验收

流程验收是需求方确认供应商提供的 RPA 流程和服务是否符合合同要求、满足业务使用需求的过程。流程验收阶段的主要工作内容如图 10-1 所示。

流程验收按验收范围从大到小可划分为项目级验收、多流程级验收和单流程级验收。项目级验收是对整个 RPA 项目的所有交付流程的完整验收；多流程级验收是在项目推进过程中，对多个流程进行批量验收，标志着项目实施过程中的某个重要里程碑节点的交付；单流程级验收是 RPA 流程的最小验收单元，是项目中某个迭代的成果交付物。

流程验收按验收阶段可分为验收准备、技术规范验收、功能验收和交付物移交 4 个阶段，各阶段的具体工作如图 10-2 所示。

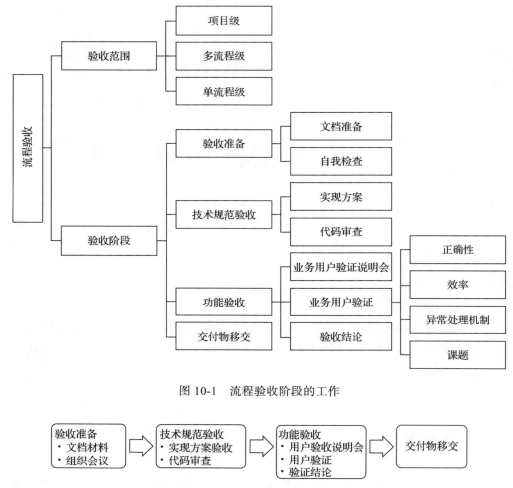

图 10-1　流程验收阶段的工作

图 10-2　客户单流程验收的 4 个阶段

1. 验收准备

在验收准备阶段，项目组成员要准备好用户使用手册或培训手册、流程部署及配置文档，并梳理项目实施过程中的所有文档，包括需求说明书、流程定义文档、详细设计文档、测试用例和测试报告。项目负责人应积极组织与业务部门的演示会议，协助业务用户进行流程验收工作；与运维团队沟通流程的发布、需求配置、流程运行的环境依赖等事项。

2. 技术规范验收

这一阶段的技术规范验收与开发和测试阶段的侧重点有所不同。开发和测试阶段的技术规范验收通常是由项目团队内部组织并管理的，主要是通过代码审查确认流程的实现方式是否遵循了事先约定的项目框架规范，各组件调用、容错性设计是否与详细设计文档描述的内容一致。此阶段的技术规范验收更多是需求方的 IT 部门站在更高层的管理视角对供应商交付的流程进行检查，包括查看代码注释是否规范，确认源码是否都已提供，源码中是否引用了第三方未授权的插件或代码，通过使用第三方安全扫描工具对源代码进行扫描以确认没有严重的安全漏洞，并对流程设计文档、数据库设计文档、接口设计文档、部署文档等相关技术文档的内容进行验收。

3. 功能验收

功能验收主要是指业务用户对交付的 RPA 流程进行正确性和执行效率的确认，也称用户验收测试（User Accpetance Testing，UAT），通常分为 UAT 演示会议、用户UAT 和生产试运行三步。

UAT 演示会议是指由项目组成员通过会议的方式为业务用户演示已完成的流程，并对其进行使用培训。项目组成员应提前准备好用户培训手册和演示数据，向业务用户演示主流程执行过程、部分分支流程的执行情况和小部分逆向流程或异常情况下流程的响应情况，并对一些关键配置项的含义和配置方法进行说明。项目组成员应对 UAT 演示过程中用户提出的问题和反馈做好记录，并在会议上确认各问题的优先级和严重级别。会后，项目组成员须及时跟进反馈项的修复，并组织下一次围绕本次修复项的 UAT 演示会议，直至 UAT 演示会议通过。

用户 UAT 是指由业务部门的用户自己操作流程，进行流程功能和执行结果的确认。该阶段的工作可在第一次 UAT 演示会议之后就开始，通过业务视角，使用更贴近业务的真实数据来确认流程的功能是否满足业务需求，流程的性能是否在可接受范围内。若有问题，则提交给项目组进行进一步优化。

生产试运行是指业务用户功能验收都通过后，运维工程师将流程发布到生产环境，RPA 机器人正式进行生产业务的操作，由业务用户确认流程运行是否满足预期。通常生产试运行会持续 2～4 周的时间，在此期间，项目经理要积极与业务用户沟通流程的实际运行情况，安排相关人员主动查看运行日志，对一些问题快速做出解答，争取早日拿到业务用户的验收通过邮件或验收单。

对于流程验收阶段反馈的问题，可根据该问题的影响程度和修复难度进行划分，并按表 10-1 所示的方案协商和解决。

表 10-1　问题影响程度和修复难度划分

	难度大	难度低
影响大	协商重新确认需求	本次交付中修改
影响小	协商暂缓处理	协商累计问题后集中修改

4. 交付物移交

通常，交付物的移交发生在项目收尾阶段，由供应商向需求方提交所有的项目交付物，具体交付物清单参见表 10-2。一次验收并不意味着双方合作结束，建立良好的商务关系可以为今后的合作创建良好的基础。客户验收也应因地制宜，在互相理解、互惠互利的基础上，基于以往的合作经历，适当减少交付物以提高验收效率。

表 10-2　项目交付物

序　号	文件名
1	流程定义文档（需求文档）
2	流程详细设计文档
3	项目架构设计文档
4	接口设计文档
5	数据库设计文档
6	流程功能测试报告及测试用例
7	性能测试报告
8	安全测试报告
9	用户使用手册
10	流程部署与配置手册

（续）

序　号	文件名
11	源代码（含源码、依赖包和工具等）
12	用户验收报告
13	异常应急响应预案
14	风险评估

10.2　流程部署

流程部署是指将完整的 RPA 流程代码部署在指定环境的运行载体（一般指计算机）上，配置资产并设定流程触发方式的过程。运行 RPA 流程至少包括 RPA 机器人、代码包和运行 RPA 机器人的载体，进行资产配置和部署触发器可以更便捷地运行 RPA 流程。

10.2.1　流程部署的步骤

RPA 流程部署一般分为两个阶段，第一个阶段是平台部署，第二个阶段是流程部署，第一个阶段是为第二个阶段做的准备。平台部署主要指对 RPA 控制台进行安装和配置，并安装相关依赖的插件。流程部署是指将 RPA 代码进行发布，并在运行该流程的执行机上对机器人进行部署和配置。

根据企业 RPA 实施规模和情况，流程部署工作内容如下。

1）制定部署策略与方案：多流程部署如何调配机器人，是对运行终端资源进行系统规划时，需要考虑的问题，应考虑空间、时间、人为干预等因素。

2）准备部署环境：检查执行机的环境是否满足该流程正确运行需要的依赖项，如浏览器、办公工具、数据库等的版本和配置。

3）安装产品工具：安装 RPA 机器人代理端以及相关插件。

4）上线流程；将流程代码包迁移至运行终端，包含流程代码的复制、迁移结果的检查等。迁移的方式可以是通过平台自动化迁移部署，也可以是通过手工方式安装部署。

5）流程运行前准备：对流程运行相关的模板文件、账号、密码等进行配置和检查。

6）流程测试与试运行：流程是否能准时、准确、按照业务需要运行。

10.2.2 流程部署方案

本节主要介绍流程部署流程中较为复杂但最为重要的流程部署方案的制定。企业要根据现有资源，制定最合理、最高效的流程部署方案，从项目整体架构来考虑网络环境是选用集中式部署还是分批次部署，从流程执行角度考虑流程的排程方式、触发方式等。

1. 集中式部署与分批次部署

RPA 流程部署按运行环境可分为互联网流程部署、内网环境流程部署、开发环境流程部署、测试环境流程部署等；按交付方式可分为分批次交付和集中交付。分批次交付是指各流程迭代交付并进行分批次部署，集中交付是指本项目所有流程开发完成后统一集中部署，如图 10-3 所示。

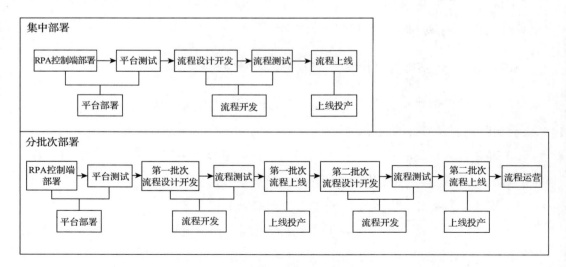

图 10-3　集中部署和分批次部署

2. 静态排程与动态排程

RPA 流程支持静态排程和动态排程两种运行方式。

静态排程指将 RPA 机器人放置在固定计算机上进行流程运行。静态排程适用于流程执行频次低（每天执行一次或几次）、并发量小（遇到并发可采用轮询排队方式）、时效性要求不高（不要求数据实时返回）的场景。静态排程一般在企业 RPA 项目试点或初期使用较多，在流程少、机器人充足的情况下，该模式有架构简单、部署便捷、管理简单、不涉及环境不一致问题等诸多优点。随着流程场景数量不断增多，需要机器人越来越多，该排程的劣势就会愈发明显，由于机器人运行与计算机是绑定的，因此无法高效使用机器人资源。

动态排程指机器人通过轮询、随机分配的方式动态运行在不同的计算机上，并支持在流程运行过程中切换运行终端。动态排程通常用于以下业务场景。

1）对于业务并发量较大的场景，可通过增加公共机器人和公共计算机来支撑流程的分发，实现多个机器人并发执行。

2）有些定时流程或手动触发流程需要根据流程运行的时间、时长进行多流程编排，可使用多机器人执行，以提高机器人的使用率。

3）对重要或复杂的流程，每一个关键节点都要设置备用机器人和计算机，以保证在流程出现异常时能快速重试与自动切换，保障业务不中断。

静态排程可以脱离控制端进行单机部署，动态排程必须借助控制端进行机器人编排，需要控制端对计算机、机器人进行监控并进行流程分析、机器人分析、异常分析和相关硬件分析。

3. 流程的触发

流程的触发是指 RPA 机器人执行流程的启动方式，一般分为手动触发、时间触发、事件触发和队列执行 4 种。

（1）手动触发

手动触发指通过人工进行 RPA 机器人流程的启动和停止。手动触发需要手动设置计算机运行哪个流程，并为其指定一个可运行的包文件，设置流程运行的必要环境和参数，如切换计算机为生产网段、配置关联系统的账号和密码、将模板文件放置在指定位置等，设置完成后运行流程即可。

（2）时间触发

为各流程配置运行时间、运行流程、运行终端等参数，控制端会根据这些配置定时启动流程。时间触发是实际生产运营中运用最多的流程触发方式，运行时间可以按毫秒、秒、分钟、小时、天、周、月等循环执行，一些 RPA 产品的控制端还支持设置法定节假日，安排流程只在工作日执行，应用非常灵活。

（3）事件触发

事件触发指在流程组件里设计事件触发机制，如监听邮件收件箱、查收文件、接口请求等，不同的触发方式有不同的适用场景，可以根据项目实际需求进行选择。对于时效性要求高，需要及时返回信息的流程，适合采用接口触发；对于无法通过接口触发且时效性高的流程，可以采用监听邮件或文件的形式触发，在流程结束后将数据通过邮件或文件返回。

（4）队列执行

队列执行是指流程遵循先进先出的原则，按照指定顺序依次执行。我们可以将多个流程进行排列，例如将流程 A、流程 B、流程 C 依次排进队列，A 执行完成后 B 才会执行。这里的执行完成可以是执行成功，也可以是各种意外导致执行失败。队列执行也可以与上述手动触发、时间触发和事件触发方式结合使用。

10.2.3　流程部署的风险管理

对于 RPA 的平台部署，在部署前，最好能对产品进行一次安全检查，以规避产品本身给企业内部系统带来的安全隐患。

对于 RPA 的流程部署，为保证流程与步骤顺利执行，会在平台部署到流程部署这一过程中增加一些管理手段以规避可能出现的风险。

1. 清单管理

清单管理是指将部署对象、操作步骤、系统依赖环境和基础插件的要求、人员要求、流程回滚预案以及部署校验方法都记录在文档中，运维工程师严格按照该清单来执行部署操作。运维工程师应提前熟悉该清单的内容，并进行部署演练，对于涉及的插件、初始化数据等，最好编写自动化脚本来执行，提前对这些自动化脚本进行测试。

在正式部署时，应严格按照文档步骤进行操作，每一步操作完成后都需要进行校验，部署完成后可在 RPA 开发人员的协助下完成主流程的冒烟测试。若流程部署出现问题，应先评估是否对线上业务有影响，若有影响则应立即执行流程回滚操作，对问题进行分析和定位，解决后重新部署。若没有影响，则检查配置项、重新发布，直至流程能正常运行。若实际配置项与部署清单不一致，应及时更新部署清单的内容。

2. 多人复核策略

多人复核策略是指对 RPA 流程部署过程中的关键节点进行多人确认签字和复核，以确保上线流程、上线步骤、上线修改内容无差错，规避因个人原因导致的部署风险。在流程正式生产上线前，应组织项目组相关人员评审清单内容，确保流程部署对象和操作步骤符合部署需要。在流程部署过程中，对操作步骤和配置项进行复核，确保无误。

3. 专人专责策略

为保障流程部署和验证工作规范、高效，应提前确认参与本次部署的操作负责人、配置核验人员、流程验证人员和技术支持人员，做到职责明确、专人专责。该策略不仅适用于较为成熟的团队，也适用于中小团队。虽然可以一人身兼多职，但是必须职责明确。通过职责清晰的部署安排，能大大降低操作失误的风险，保障发现问题和解决问题的时效性。

10.3　本章小结

本章主要讲解流程验收与流程部署，首先阐述了验收环节的具体工作和交付物要求，接着介绍了流程部署的步骤、方案和风险管理。

流程的验收与发布是项目实施的关键节点，项目经理需要协调项目团队、业务用户和运维团队来共同协作与配合，同时项目经理也应在这个阶段管理好项目团队成员，做好项目收尾和回顾工作，总结这一阶段获得的宝贵经验，为下一个项目的启动做好准备。

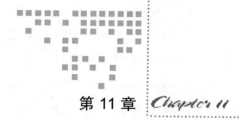

第 11 章 *Chapter 11*

流程运维

在 RPA 流程正式投产运行后，便进入流程的运营与维护阶段，流程交由 RPA 运维团队来管理和维护。运维团队是支持流程稳定运行、提高用户满意度的中坚力量，本章将介绍 RPA 流程运维的相关工作。

11.1 运维团队的日常工作

运维团队对于保障软件系统的顺利运行至关重要，运维团队的职责如下。

1）维护 IT 基础环境，包括开发环境、测试环境、生产环境的底层系统安装与升级、软件安装与升级、服务开启与关闭、网络层的建设与安全保障等。

2）UAT 环境和生产环境的流程配置与发布，包括文件目录与访问权限配置、密钥管理、账号和密码管理以及发布操作。

3）监控日常流程的运行状态，并在遇到异常中断时帮助业务人员恢复流程。

4）跟踪问题产生的原因，例如系统故障或性能下降。

5）流程出现异常并无法解决时，将问题及时移交给技术团队。

6）定期清理日志文件。

7）定期输出 RPA 流程的运行报告。

8）及时更新软件和平台，比如安全补丁。

9）了解系统间的相互作用，以便在异常变更造成损失前规避风险。

10）预测未来可能出现的问题，并在问题出现之前加以解决（如容量规划）。

11）积累部署、配置、管理方面的良好实践，编写有助于自动化运维的工具。

12）执行复杂的维护任务，例如将应用程序从一个平台迁移到另一个平台。

13）当流程配置发生变更或依赖环境发生变更时，维持系统的安全性。

14）定义运维沟通和工作流程制度，使运维操作可预测，并保持生产环境稳定。

15）整理相关系统文档，促进组织对系统的了解。

企业应定期组织运维团队成员参加 RPA 产品运维相关知识的技能培训，使其熟悉流程涉及的业务需求、配置项、日志查询方式和监控需求，并能够对技术交付的配置文档进行评审和验证。企业还应制定系统的流程运维操作规范和管理机制，当企业流程较庞大时，可以对 RPA 运维团队按部门、地区等维度进行划分，分别开展运维工作。

11.2　流程运维的日常监控

监控 RPA 的运行情况是运维团队的重要工作之一，通过日常监控，一方面可以保障流程运行的稳定性和业务连续性，另一方面可以收集流程运行的实际效能数据。监控机制可分为主动监控和被动接受两种。

主动监控是指由流程运维团队或 RPA 实施方自主进行监控，可通过控制端对机器人进行实时监控，对流程的运行情况、异常报错情况进行记录和分析，发现流程运行异常时，发送告警信息给相关人员，并启动相应的流程恢复机制。因为服务端不能保证检测出所有的报错信息并发出告警，所以定期主动寻访流程运行情况是非常有必要的。作为项目实施方，定期回访流程的运行情况也是与用户沟通、获取优化意见的主要渠道，体现了良好的售后服务，并能更大概率获得更多 RPA 项目的机会。

被动接受是指由业务需求方（非实施方）发起监控，由于多数流程是直接运行在业务部门，甚至是直接部署在用户的计算机上，任何监控工具和软件都替代不了来自业务部门的真实使用感受。业务需求方通过自身监控发现的问题或流程优化需求可通过反馈平台、邮件等形式反馈给流程运维人员，由流程运维人员对反馈信息进行沟通、分析和解决。运维团队无法解决的问题将转交给 RPA 开发团队处理，该过程能够拦截一部分无效的反馈。

RPA 的日常监控需要关注异常问题的解决和流程效能的分析，可提前对一些情况做好预判及应急准备，例如，当预判到某一时间段业务量可能会突增时，可以提前增加机器人数量，以减少流程排队情况；当发现某个节点处理时间与平时相比长很多时，可以关注是否由网络波动、相关系统宕机等原因引起。流程效能分析是要分析流程在运行过程中实际运行的时间，将这些执行时间汇报给 CoE 团队，帮助其分析 RPA 给企业节省的工时、降低的成本、提升的效率和增加的利润。

11.3　流程运维的沟通与应急响应

流程运维的另一项日常工作是对用户反馈的问题进行处理和响应。要保障 RPA 运维团队的快速响应，在企业内部建立一套良性、及时、畅通的沟通反馈机制尤为重要，包括确立流程所有干系人反馈问题的渠道、问题分类和评级的方法以及建立流程运维应急响应预案。

RPA 系统干系人主要包括流程受用人员、需求方、与流程执行相关联的业务人员、流程开发团队和运维团队。企业可以建设专门的 RPA 运营平台来统一管理和追踪 RPA 运行过程中的问题，当然这会给企业带来一部分平台建设成本和维护成本。对于没有 RPA 运营平台的企业，可以利用企业现有的 IT 工单系统，使用"邮箱＋企业内部聊天工具"相结合的方式进行沟通。

对于收到的问题，可根据流程影响的范围和后果严重程度，将级别划分为一般事件和紧急事件。一般事件是指非紧急、能够快速识别和解决的问题，如流程执行权限的设置问题，或是由需求变更引起的对原有流程的优化，一般事件无需触发应急响应。对于一些严重影响流程业务作业的紧急事件，需要触发应急响应流程，例如重要业务流程受阻、网络故障等，相关负责人应根据自身业务情况来对事件进行评级，由运维小组根据事件评级启动相应的预案。

流程运维应急响应预案是指在运维过程中为应对 RPA 项目的突发事件所做的准备、监测措施以及处理突发事件所依据的策略、资源、流程、步骤等。应急响应预案的内容包含参与和管理应急响应的组织和人员、突发事件的评级、应急恢复策略以及应急响应处置流程。

应急响应的组织和人员应由 RPA 项目组领导统一指挥与管理，并设有 RPA 流程恢复小组、业务沟通小组和支持保障小组。其中 RPA 流程恢复小组负责对突发事件进行信息收集、风险评估和事件跟踪，评估是否启动应急预案，为领导决策提供支持，根据支持故障小组提供的建议技术方案和领导决策，执行应急响应的操作。业务沟通小组负责与业务相关部门沟通事件的影响范围和是否需要切换为人工处理流程，协调和配合业务部门进行应急处理工作，包括流程重新部署的业务验证、准备备用运行终端等。支持保障小组负责对 RPA 平台、机器人、流程、服务器等资源进行调度管理，确保在进行突发事件处理过程中资源及时到位且不影响现有流程运行，及时申请、沟通授权等事项。

突发事件应急响应处置流程一般为评估、通知通报、人员到位、紧急恢复、故障排查与定位、流程恢复。由运维团队 RPA 流程恢复小组对突发事件进行评估，之后通知相关方进行突发事件的响应，并上报相关领导。人员到位后进行流程的紧急恢复，若短时间内无法恢复，则先切换至手动流程，由流程恢复小组排查和定位问题，对突发事件进行处置，待流程完全恢复后向所有干系人通报结果。

11.4　流程运维的需求变更管理方案

流程运维阶段的需求变更主要有 4 种情况：业务流程变更、相关联系统变更、运行环境变更及 RPA 产品变更，下面分别对这 4 种情况进行详细介绍。

1. 业务流程变更

业务流程变更是指已上线运行的流程因问题修复、添加新功能或功能优化需要发布新的版本，或者需要执行配置变更操作。业务流程变更通常由业务方提出，经项目排期完成开发和内部测试工作后，通知运维人员进行试运行环境或者生产环境的发布。针对该类变更，运维人员需要审查项目组提交的流程部署文档和配置文档是否有遗漏，是否有正式的测试通过邮件或操作变更的审批邮件，确认无误后在约定的时间完成流程的发布和配置变更操作。

2. 相关联系统变更

相关联系统变更是指 RPA 操作对象的业务系统发生维护或调用的业务接口发生变更。通常，当业务系统需要进行维护或系统升级时，负责该业务系统的运维团队成员会首先得到消息，他应立即将该消息与整个运维团队共享。RPA 运维团队成员需要对此类消息特别敏感，并主动评估该业务系统是否与某个 RPA 流程有关，若有关则立即通知该 RPA 流程的开发团队和业务团队，请其评估本次升级是否会对 RPA 流程产生负面影响。

3. 运行环境变更

运行环境变更是指 RPA 机器人的运行环境发生了变更，如运行终端、运行系统环境的调整等。运行终端的调整通常由业务人员提出，也可由 RPA 运营团队提出，把分散的流程集中部署或增加机器人来共同执行流程，使机器人更高效地完成业务作业。收到此类需求后，运维团队应帮助需求方检查并安装自动化流程运行所需的依赖项，确保 RPA 流程能够在新的运行环境中正常运行。

4. 产品变更

产品变更是指 RPA 产品版本升级引发的变更。通常，业务用户会在 RPA 产品的许可证到期续订时考虑是否要将 RPA 产品升级到最新版，或者新需求项的开发要用到 RPA 产品的其他功能时，会发生产品变更。由于 RPA 产品变更涉及的业务流程多、影响范围大，因此一定要做好周密的升级准备工作和测试工作。可以先对开发、测试环境进行升级，保证所有流程内部测试通过，然后由运维工程师先小范围替换服务端、控制台的 RPA 产品，试运行没问题后再分批进行升级切换工作。升级过程中一定要做好流程配置信息和运行日志的备份工作。

11.5 本章小结

本章主要围绕流程运维阐述了 RPA 正式上线后运维团队的日常工作，重点介绍了对 RPA 的日常监控和对异常问题的响应，最后介绍了运维阶段的需求变更及操作注意事项。

RPA 后期的运营与维护涉及多个部门的协同配合，只有建立健全有效的沟通制度和责任制度，不断提高运维团队成员的操作规范意识，才能保障 RPA 的高效运营。

RPA 卓越中心

如今在数字化转型领域，若提到业务流程优化，多会提到 RPA，而谈及 RPA 时几乎都会涉及卓越中心。德勤于 2018 年 9 月开展的针对全球机器人卓越中心的调查显示，金融服务行业已有 46% 的企业组建了 RPA 卓越中心，消费品与工业品行业这个比例为 27%。"RPA 卓越中心是成功实施 RPA 的关键"已成为共识。

本章介绍什么是 RPA 卓越中心、卓越中心的具体职责有哪些，以及卓越中心的 3 种运营模型。

12.1 什么是 RPA 卓越中心

RPA 卓越中心（Center of Excellence，CoE），也被称为 RPA 能力中心，是企业为有效推进数字化变革计划，确保 RPA 实施取得理想业务成果而专门成立的一个组织。

企业为什么需要在实施 RPA 的过程中成立这样一个组织呢？

随着越来越多的自动化流程在企业多个业务部门之间运作，机器人队伍愈发庞大，逐渐暴露下列问题。

❑ RPA 流程实施规范性欠佳，导致机器人运行过程中各类报错或不稳定的情况频发。

❑ 各部门抢占机器人资源的现象日益凸显，机器人运营效率低下。

❑ 随着业务范围的扩大，机器人拥有的权限也随之扩大，机器人的安全风险管控尤为重要。

❑ 不同部门之间因为各种因素无法完成高效合作。

❑ 一些大型企业的分支机构使用不同的自动化产品，导致资源浪费。

建立 CoE 有助于企业形成统一的 RPA 战略。CoE 不仅可以用于了解企业整体的 RPA 运营情况，观察到各部门之间 RPA 应用的差距并帮助思考如何缩小这些差距，还可以制定标准化的技术设施及安全策略，提供 RPA 实施的最佳实践指导，确保企业尽可能快速、高效、安全、可持续性地实施自动化流程和管理机器人。

12.2 CoE 的职责范围

CoE 的具体工作职责如下。

1. 自动宣传与推广

CoE 负责向员工介绍 RPA 的理念，分享 RPA 的成熟案例，宣传 RPA 的应用价值，还可以对企业的人力资源再分配提出建议。

2. 自动化需求管理

CoE 负责整理、评估、筛选从各部门收集上来的自动化候选流程，评审需求的优先级，管控需求变更请求；负责从企业自动化战略规划的角度，推动各部门的协同合作，并行推进多个 RPA 流程的落地。

3. 机器人的实施指导

CoE 负责企业的 RPA 产品选型、企业 RPA 平台的搭建及整体架构设计，负责开发企业级可复用的 RPA 组件，负责制定 RPA 实施各阶段的项目管理规范以及 RPA 代码设计规范和测试质量保证标准，并对技术人员的工作进行审核。

4. IT 基础设施和环境准备

CoE 负责 RPA 平台硬件资源的准备与配置，操作系统、应用软件等软件环境的安装与配置，与 RPA 平台有关的网络安全控制策略设定、用户权限的设定，以及机器人的扩展部署。

5. 机器人运维监控服务

CoE 负责配合新流程的部署上线，机器人的变更管理、工作任务分配、排程管理和产能管理，机器人的运行监控、故障恢复、许可证管理等日常运维。

6. 风险和安全控制管理

CoE 负责建立 RPA 安全风险监控和预警机制；负责制定机器人故障的应急处理方案、RPA 平台的高负载搭建和灾备恢复，以保障高可用性；负责建立机器人的操作权限、数据访问权限的政策和标准，以满足审核、监管、信息安全和合规性要求。

7. 业务价值收益的持续评估

CoE 负责 RPA 软硬件投入、实施开发投入和维护投入的成本统计人力节省、流程时效节省和其他业务获益的实际收益统计，机器人的 KPI（Key Performance Indicator，关键绩效指标）评定；负责评估企业后续的 RPA 投入力度。

8. 员工培训和互动

CoE 负责建设企业内部的自动化课程培训体系，定期为不同职能的员工提供各类技能培训；负责创建社区互动平台，分享最佳实践；负责为普通开发者提供技术支持。

9. 新技术的研究与创新

CoE 负责研究将图像识别、语音处理、推荐算法等新技术融合于 RPA 平台，拓展更多的 RPA 应用场景。

12.3 CoE 的运营模型

通常，中小型企业的内部组织架构可分为总部职能部门和各业务部门，IT 部门属于总部职能部门，由各业务部门共享，一些大型集团企业设有分支机构，分支机构会有单独的 IT 部门，业务部门之外还会设置业务板块或业务单元。

在建设 CoE 之前，企业首先要从自身组织架构的角度，选择适合的 CoE 运营模型。针对企业不同的组织架构和分布模式，CoE 的运营模型一般可分为集中型、分散型和混合型，如图 12-1 所示。

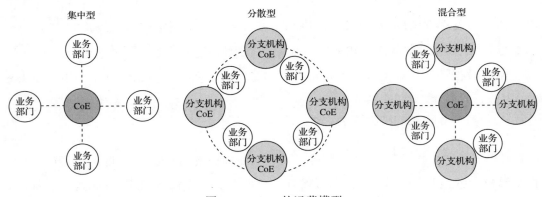

图 12-1　CoE 的运营模型

下面将详细介绍这 3 种 CoE 运营模式的模型和优缺点。

1. 集中型

集中型意味着由总部主导 RPA 的建设，以实现企业自动化的业务收益最大化为目标。CoE 通常设置在总部，RPA 建设以总部的 IT 部门为主、业务部门为辅的方式来进行。总部是 RPA 建设的主要责任方，各业务部门所需的 RPA 功能和资源都由总部进行统一管理和分配，业务部门需要配合企业的自动化转型工作。

这种模型的优点是可以更集中、快速、高效地识别业务流程优化机会，为 RPA 项目的评估、交付、监控和维护提供标准化管理和规范化保障，可扩展性好；劣势是基层的业务执行主体在短期内难以获得业务收益，流程灵活性欠佳，总部与分支机构之间、IT 部门与业务部门之间的沟通效率比较低。

2. 分散型

分散型意味着由各分支机构主导 RPA 的建设，以实现分支机构的业务收益最大化为目标。CoE 通常设置在各分支机构并独立运营，RPA 建设以分支机构的业务部门为主、IT 部门为辅的方式来进行，各分支机构 CoE 定期向总部汇报 RPA 的建设成果。

这种模型的优点是能快速启动 RPA 计划，流程贴近业务执行主体，实施过程灵活性高，能较快实现业务创新，业务收益见效快，IT 部门与业务部门的沟通效率较高；劣势是总部缺乏对 RPA 资源的集中管控，各分支机构 RPA 的实施标准难以统一，难以在各分支机构之间横向扩展，不同分支机构会重复投入基础设置资源，造成企业的总体支出成本大。

3. 混合型

混合型意味着 CoE 由总部和分支机构组合而成，是集中型和分散型的混合模式。混合型的运营方式有多种，下面介绍两种比较典型的，供读者参考。

第一种：自动化流程由总部 IT 部门和分支机构的 IT 部门共同实施。流程实施的过程如下。

1）在需求评审阶段，由各分支机构向总部 CoE 提交自动化需求，由总部 CoE 在分析和评审后决定是否将其纳入实施计划。

2）在开发设计阶段，由总部 CoE 负责搭建 RPA 平台的整体架构和开发框架，实现基础和共性组件的开发，由各分支机构负责个性化需求部分的开发，并在总部

CoE 的开发框架下实现自动化代码的整合。

3）待分支机构完成 UAT 测试之后，总部 CoE 统一完成 RPA 的生产环境部署及后续的日常运维监控。

第二种：由业务部门员工主导自动化流程的开发和维护，总部提供服务支持。流程实施的过程如下。

1）总部 CoE 负责搭建企业 RPA 平台，负责研发新的流程组件，负责审核组件库中组件的发布与变更，负责管控所有的机器人资源和机器人账号权限。

2）总部 CoE 负责建设企业 RPA 服务中心，配备业务主题专家、RPA 技术工程师、RPA 运维人员，提供全天候支持，并负责对 RPA 服务中心的人员进行 KPI 考核。

3）业务部门员工根据实际业务需求，使用统一的 RPA 开发工具，调用统一的组件库版本下的组件，自行开发工作所需的自动化流程，并负责日常的流程运行与监控。

4）当业务部门员工遇到业务、技术、权限等问题时，提交问题到 RPA 服务中心，RPA 服务中心接到请求后以工单的形式来管理这些请求，根据不同工单类型分配给相应的人员来解决。

综上，混合型 CoE 既具备集中式的统一推进，又能处理分散的业务部门需求；既能保证卓越中心的交付与运营支持，又能使每个业务部门具备开发、确定优先级和评估自动化过程的能力。特别是上述第二种运营方式，真正做到了赋能用户，实现了"人手一个机器人"的目标。

12.4　本章小结

随着企业越来越多的流程实现自动化和智能化，RPA CoE 的扩展速度将呈指数级增长。本章全面介绍了 CoE 的概念、CoE 的工作职责及 CoE 的运营模式，希望能帮助企业稳步推进 RPA 技术在各项业务中的进展，发挥 RPA 技术的应有价值，帮助员工化解"机器取代人"的焦虑与误解，鼓励员工学习 RPA 技能，提升工作效率及工作幸福感。

认知与创新

RPA 技术是在不断发展和进化的，要想更好地应用和实施 RPA，对 RPA 的认知也要随之改变和提高，否则在面对用户诉求时，很难自然地想到使用 RPA 技术解决困难，也无法恰当地应用 RPA 技术做出更好的产品，更难以提供 RPA 技术创新。

13.1　认知的局限和思维陷阱

认知是指人们看待和理解事物的观点。人脑接受外界输入的信息，经过大脑的加工和处理，转换成心理活动，进而支配人的行为。这个过程就是信息加工的过程，也就是认知的过程。

每个人的认知水平不同，不同的参照体系、先验知识和背景，基于某些假设和理由的解读和推测，都会让我们对同样的事物得出不同的结论。那么，对于 RPA 技术实施方，认知局限意味着什么呢？

我们在为一个企业用户进行 RPA 实施时，采取的解决方案是用 RPA 逐个替代企业各个业务环节中 RPA 可替代的部分。通过回访发现，用户认为此解决方案的体验并不好，员工的工作效率提高不明显，而且时间成本也没有明显降低。技术实施方再次到现场，亲自体验实际业务流程和分析企业整个流程所要达到的最终目标后发现，在实现工作目标的前提下，A 流程和 C 流程可完全通过机器人实现业务自动化，B 流程和 D 流程中部分环节需要人工干预。经过对原业务流程进行跨部门的流程再造和优化，新的 RPA 部署提高了流程整体执行效率，人力成本明显降低。

可见，作为 RPA 技术实施方，不能只一味地套用简单模式或成功案例，忽略每个企业的业务流程特点。在为企业实施 RPA 时，我们要充分认识和了解用户的具体业务流程和最终目标，贴近用户的实际工作，灵活地配置 RPA，使其精细化运转，实现机器人与员工的紧密衔接，从而保证项目顺利落地。

除了实施方自身对 RPA 的认知局限妨碍了 RPA 技术实施，用户本身因为与技术实施方存在 PRA 知识与经验的不对等，往往也会成为技术实施的阻碍，甚至会严重影响技术实施方的判断。

曾经有这样一个项目，企业负责人在了解到 RPA 可以模拟人工操作，可替代重复、有规则、高频率的工作后，不想员工每天花费大量时间为 Excel 表格进行人工排版，要求实施方为企业部署 RPA 机器人，解决 Excel 表格的排版任务。用户对该业务流程的描述是：打开 Excel 文件，选中指定单元格后点击 Excel 界面上的功能按钮，实现表格的排版。RPA 工程师按照用户的需求进行流程开发，在临近验收阶段，某经验更丰富的 RPA 工程师在评审流程代码时发现，该业务场景可以在不打开 Excel 表格的前提下，直接使用 Excel 开放的 API，通过后台程序自动完成数据转换和排版工作。

对原流程的实现方式进行优化后，企业用户对该流程实现的解决思路感到惊讶，他们并没有想到 Excel 排版可以不用打开表格，在给技术人员描述需求时也很自然地没有提出通过后台运行来完成该业务操作。后来，该技术被改良成批量转换工具，帮助企业实现了之前人力无法企及的效率提升。

在这个案例中，最初的 RPA 工程师由于对 RPA 的理解不够深刻，思路完全基于用户给出的路径去思考，并没有主动思考解决问题的最佳解决方案。作为 RPA 实施方，在分析、设计和实现业务需求时，一定要理性判断用户的最终目标，并在实施过程中不断学习和总结。

13.2　提高认知的方法

在 RPA 实施过程中，很多时候需要我们提高对 RPA 的认知，以快速调整思路并做出准确的判断，保证 RPA 技术的最佳应用。本节介绍 6 种提高认知的方法。

1. 提高对 RPA 技术本身的认知

RPA 是一个不断完善和发展的技术，要求 RPA 实施方比传统 IT 技术服务商拥有更高的集成与连接的能力，要以动态、发展的眼光看待 RPA 技术，并不断将其他技术形式与 RPA 技术融合。

1）熟悉一两款 RPA 开发工具，了解已经成熟的 RPA 技术和技术发展方向，为未来可能遇到的创新应用场景铺路。

2）尝试与更多 AI 技术融合，包括 OCR、人脸识别、语音识别、语音交互等，关注 AI 技术的发展方向。RPA 技术近年来流行起来的主要原因是它与 AI 的结合，如果将 RPA 比喻为手，那 AI 就是大脑，AI 的能力越强，RPA 的"自主"能力就越强。未来会出现更多强 AI 的 RPA 应用，让 RPA 拥有"思考的能力"，RPA 实施方可以挖掘更多应用场景。

3）熟悉传统 IT 技术。对传统 IT 技术的熟悉程度会间接影响 RPA 技术实施方对方案可行性的判断。RPA 技术也属于软件技术的一部分，在实施项目中难免会遇到需要开发一个 API、做一个中间库给 RPA 机器人调用，或者做一个 H5 小程序收集数据等常规的开发工作。

4）了解物联网技术和物联网在流程再造中的优势，使其结合 RPA 和 AI 实现更多应用。物联网通过 RFID、传感器技术、嵌入式系统技术等手段让物体具备"可感知"的能力。如果 PRA 是让人和数字设备交互的一种新形式，那么物联网就是让人和真实物体交互的良好形式，两者的结合一定会碰撞出精彩的火花，为人们的工作带来更多便利。

2. 探寻问题本质

要想寻找项目实施机遇、真正为用户解决困难，准确地找到用户的最终目标至关重要。我们需要不停地挖掘问题的本质，找到问题的源头。在此为读者介绍 5Why 分析法。

5Why 分析法最初由日本的丰田佐吉提出，后来由丰田汽车公司不断发展和完善。所谓 5Why 分析法，又称"5 问法"，即连续反复多次问"为什么"，直到找到问题的根本。该分析法是根据事实探究问题的源头并提出"治本"对策的过程。"为什么"追问得越深入，发掘的原因就越逼近事实。5Why 分析法不限制 5 次问"为什么"，也许是 3 次，也许是 N 次，以找到问题的根源为准。5Why 分析法的基本思考方法如下。

❑ 为什么会发生问题？（制造角度）

❑ 为什么没有发现问题？（检验角度）

❑ 为什么没有从系统上预防问题？（体系或流程角度）

每个层面经过连续 5 次或 N 次询问，直到得出最终结论。只有以上 3 个层面的问题都一一探寻清楚，才能无限接近事实真相，才能找到解决问题的方向。下面以发现 RPA 应用场景为例，为读者总结几个常见的探寻方向。

一问：员工的工作时间都花在了哪儿？

二问：员工工作中使用频率高的业务系统有哪些？

三问：员工的工作中，机械化、不需要太多人为判断的流程有哪些？

四问：员工希望工作当中哪些业务环节更省时省力？

五问：员工有没有为了在工作系统留存工作记录，而大量手工抄写、录入表格或台账的工作？

在使用 5Why 过程中，有时候找到的原因并非根本原因，导致制定的解决方案流于表面，不能触达用户的最终目标。技术实施方需要站在组织级视角来寻找改善流程的最佳解决办法。

1）要从个人视角转向系统 / 流程层面。很多人在思考时，会本能地聚焦在某个难点或某个单一环节，导致只能找到表层原因或只看到部分问题，不能触达核心。应该站在宏观角度分析整个业务流程，找出关键和本质原因。

2）要从主观意识转向具体行动。当沉浸在自我分析时，通常比较容易得出结论，只有以用户目标为基准，分析用户困难，才能够脱离主观臆断，才有可能为了寻求解决之道而做出努力。

3）要与用户"共情"。体会用户的难处，代替用户提出问题和需求，持续探究问题的复杂性并加以处理。

4）要整理问题点，并根据事实进行分析。正确把握事物的现象是非常重要的，分析的质量取决于对当前业务流程的把握程度。许多现象和原因不是显而易见的，要将这些要因都可视化地进行加工处理或描述出来并综合分析。

3. 多用户对话

RPA 需求方的用户角色可简单划分为项目决策者、最终业务用户和项目协助者。项目决策者是决定是否购买和部署 RPA 应用的个人或群体，包括采购决策者和影响采购决策的人。最终业务用户是指 RPA 流程的受用者及其部门负责人，即机器人完全取代或部分替代其完成业务作业的用户。项目协助者指协助 RPA 部署实施的 IT 部门员工或其他支持部门的员工。了解需求方各用户角色的对象后，我们可以根据这些对象的具体特征（如行业发展方向、用户的岗位特点、整体收入状况、工作状态、地区情况等）进行描述，有针对性地进行商务沟通和需求调研。

在 RPA 实施的具体过程中，从最初的需求调研到最后的流程验收，最终业务用户将是项目团队沟通最频繁的群体。在需求调查阶段，最常犯的错误是只与业务部门的负责人沟通，这样会导致 RPA 项目不能完全满足所有用户要求的最终目标。在对最终业务用户进行需求调研时须注意以下几点。

（1）与多个优秀的头部用户对话

因为优秀的头部用户对他所处的行业或工作岗位有丰富的经验和深刻的理解，对行业与业务流程中的痛点深有感触，所以与他们进行沟通往往会找到更有价值的应用场景和用户想要实现的最终目标。

（2）找到挑剔和对产品不感兴趣的用户

在做调研时会遇到一些对 RPA 比较挑剔的用户，他们对 RPA 的要求更多，可以从这类用户身上找到 RPA 技术实施方案的优化方向，这个方向有可能成为未来 RPA 技术创新的突破点。不过需要注意，在对此类用户的需求进行实施方案改善的同时不要舍本逐末，为了全面满足用户需求而忽略解决方案本身的最终目标。

在进行需求调研时也可能会遇到一些对 RPA 或解决方案不感兴趣的用户，针对这类人群可以探寻产品对用户没有吸引力的原因，找到 RPA 和解决方案的不足之处并加以补充和完善。

（3）多用户多次对话

RPA 实施方必须不断和流程各节点相关的业务人员进行沟通，观察他们的操作，和他们进行互动，获得最真实的反馈并验证自己对业务的理解是否正确。与用户沟通的目的是引导用户说出更多有用的信息和宝贵的建议，不要总以自己的专业优势有偏见地看待用户，不要过多打断或阻碍用户的表达，多听少说，适时沉默，让用户言无不尽；适时表达对用户想法的理解和认同，增强用户的表达欲。在进行多用户沟通时，可以遵循以下原则。

1）保持高度的好奇心。

2）锻炼倾听的能力和让对方开口畅谈的能力。

3）开放思想，客观公平，不先入为主地看待问题。

4）不试图纠正用户的非专业表达。

5）带着了解事实的态度与用户对话，不要因为急于获得用户承诺而试图以"即成答案"来说服用户。

6）采用"征询"的语气而不是"推销"的语气沟通。

7）带着足够的耐心，留出充足的时间，完成用户沟通这项重要工作。

（4）相同的观点向同岗位多个用户进行多次验证

由于每个个体对行业或工作的认知不同，因此 RPA 实施方所收到的反馈也不尽相同。RPA 实施方对于这些反馈信息要做出理性判断和验证。通过对同岗位多个用户进行多次沟通并反复验证，判断对用户观点的理解是否合理，从而更加接近事实真相，让解决方案更加严谨。

（5）让多个用户参与最终方案的评价

由于实施方对 RPA 技术和实施方案太过熟悉，容易局限在实施方的主观思维中，无法预见用户在应用 RPA 机器人时的实际情况，因此一个解决方案的好坏应该交给使用它的人去评判。

4. 现场出"神灵"

稻盛和夫有句名言：答案在现场，现场有神灵。隐藏在现场的第一手信息往往是解决问题的关键。RPA 实施方不断亲临现场，不但能找到解决问题的突破口，还能获得各种意想不到的启示，从而完善实施方案，挖掘更多应用场景。

举个例子，在业务窗口还有一个主要参与者，即流程所服务的用户（在医院可以是患者，在银行可以是客户）。通过现场观察，可以发现患者或客户与业务用户的有些沟通场景可以用标准化的问答来处理，之后由机器人自动完成后续业务操作，通过 AI 和患者互动，抛出预设的问题，再通过 RPA 操作业务软件记录沟通过程，完成或部分完成后续环节的自动化处理。该业务场景只有通过大量现场观察，与客户沟通确认预期实现的效果，才能确定流程自动化的可能性。这对需求调研人员的业务分析能力、RPA 技术的熟悉度都有比较高的要求。

想象和构思无法替代现场发生的一切，有时候实施方案即使做了充分的准备，意外也是在所难免的。要想尽可能掌握和控制这些变量，只能尽自己全力到现场找到灵感和答案，补充并完善实施方案。在条件允许的情况下，RPA 实施方可以暂时让自己"成为用户"，参与和体验整个业务流程，找到和挖掘更多的 RPA 应用场景。

当现场收集到的某些场景比较陌生，不好确定技术可行性时，也不要急于否定，可以在收集完各类用户的需求后，带回交给技术人员进行评估。

5. 以结果为导向

以结果为导向强调养成一种站在结果导向的角度思考问题的思维习惯。在实施RPA 的过程中，应始终围绕需求方想要达成的最终目标和重要战略意义来规划和调整方案，而不是"拿着锤子找钉子"，如果仅为了完成实施任务而实施，很可能造成费力不讨好的局面。有时，除了应用 RPA 常用的技术解决方法、灵活配置 RPA 外，还应参考行业和业务现状，将 RPA 与其他技术相融合（如 RPA 和 AI、RPA 和传统IT 技术），形成解决方案，帮助用户实现最终目标。

6. 聘请优秀的最终用户

2B 和 2C 业务需求挖掘的区别在于：在做 2C 业务时，技术实施方本身有可能成为潜在用户，容易产生共情思维从而挖掘出痛点；在做 2B 业务时，由于技术人员没有该行业的工作经验，因此对一些专业领域的业务知识比较陌生，而很多创新和解决问题的认知又需要基于跨专业的了解，所以需要既懂技术又对特定领域业务精通的实施方和优质的最终用户共同努力。如果可以聘请到优秀的最终用户，或邀请其担任团队顾问，那么 RPA 实施方就有了巨大优势，就不用对用户的需求做盲目猜测了。这位优秀的最终用户可以帮助实施方了解更多的行业知识，提高实施方对这个行业的认知，从而帮助实施方挖掘用户痛点，探索出创新之道。

13.3 培养创新思维

圆满完成用户的最终目标是 RPA 项目实施交付的终点。在这个科技不断发展的时代，仅围绕满足客户的需求是无法跟上时代步伐的，所谓逆水行舟，不进则退，作为企业，需要拥有更长远的眼光，与 RPA 技术一起不断寻求进步和创新，这样才能不断创造出新的用户价值。要想达成这样的目标，企业必须拥有创新的能力。

　　创新是指企业在技术、产品、流程和服务等方面做出的变化或改进，这些变化或改进能给用户和企业中的利益相关者带来更高的价值。

13.3.1　打破思维定势

　　只有先想到，才有可能做到。在我们已有的认知体系和思维模式下，对事物的认识往往存在思维固化和偏见。创新思维的前提就是打破这些阻碍我们寻找新突破的思维定势。

　　思维定势就是这次通过某种方式解决了一个问题，下次在遇到类似的问题时还会不由自主地沿用上次思考的方向或解决办法完成目标。这种惯性被称为经验，当这种经验被反复使用且获得成效时，它就会变成固定的思维模式，潜意识里让人觉得事物不可能脱离现状发展，即使现状不尽如人意，也只会想方设法去适应，而不是寻求改变，甚至意识不到应该做出改变。在这样的思维定势下，许多新事物和构想就悄无声息地错失了机会。

　　怎样才能脱离惯性思维去思考问题呢？我们先来看一个故事。

　　一位教授给他的学生讲了一个故事。一个聋哑人到五金商店买钉子，为了让售货员明白他要买的东西，他左手做出拿钉子的样子，右手做出拿锤子敲打的样子。售货员见状，给他拿来一把锤子。聋哑人摇摇头，右手指了指左手，于是买到了钉子。

　　教授问学生："那么，如果进来一位盲人买剪刀，该怎么办？"学生们抢答道："只要伸出两个指头模仿剪刀的样子就行了。"

　　教授说："这并不是让售货员了解购买目的的最简单方法，其实他只要开口告诉售货员他想买剪刀就行了。"

　　很明显，思维定势就像一层毛玻璃，阻碍人们看清事物的本质和真相，有时候跳出惯性思维，也许马上就能找到一条新的道路。如果陷入先入为主的思维定势，就会进入思维的死角，面对困境时无法绕过阻碍破局。

除了惯性思维和经验，人们往往会对权威观点不自觉地认同，或者认为自己应该遵循权威标准，有时甚至是盲从，这样的做法也是不可取的。面对权威，的确应该抱着学习的心态，但不代表要盲目遵从。任何时候都要带着思考去学习和工作，必要时还可以用批判的眼光发现问题，发现新知识。

其实人与人之间的学习能力和认识事物的能力并没有太大的差别，许多权威人士也是通过不断学习与尝试而有所成就的，特别之处是他们没有一味地遵循前人的足迹。要想做一个与众不同的人，就必须抛开固有的布局，跳出思维定势，敢于去怀疑一切。

下面介绍几种常见的、值得借鉴的思考方法，我们可以通过这些方法刻意地进行思维训练，来提高认知能力。

1）批判性思维。

2）大胆假设，小心求证。

3）保持探索的好奇心，不要拒绝学习。

4）保持初学者心态。

5）不要有偏见，不要武断。

6）不要轻易否定，也不要轻易肯定。

7）不要害怕新事物，要勇于走出舒适区。

13.3.2　理想解与最终理想解

当通过不断的刻意练习习惯了跳出常规思维后，接下来应该思考的就是如何创新。在讨论创新思维的方法之前，先明确最终目标、理想解和最终理想解的概念及彼此的联系，如图 13-1 所示。

1. 最终目标

最终目标是用户提出的对项目实施或产品的基本要求。对于企业来说，最终目标是要通过 RPA 流程自动化来降本增效。对于实际流程受用者来说，最终目标是尽可能地通过单一平台帮助实现一些任务的自动化，从而将更多的时间投入到更有价值的工作中去。

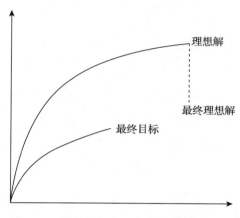

图 13-1　最终目标、理想解与最终理想解

2. 理想解

理想解是一个组织和个人追求的理想目标。理想解是一个理想化的解决方案，只存在于人们的意识当中。理想解是不可能完全实现的，对于个人而言，理想解就是不断追求更美好的生活；对于企业和组织而言，理想解就是不断地在创造客户价值的同时追求利润的最大化。将业务实现标准化、规范化和自动化是保障最终目标得以实现、降本增效的制度和管理手段，RPA 在这个过程中起到了关键的变革作用。

3. 最终理想解

最终理想解的概念来自苏联科学家根里奇·阿奇舒勒提出的"发明问题解决理论"，指首先抛开各种客观限制条件，找到完美的理想化解决办法（理想解），然后基于理想解来保证在问题解决过程中能够始终沿着此目标前进，并获得最终解决办法，这个解决办法就叫作最终理想解。

例如，在汽车未发明之前，人们想要更快地到达目的地，对马匹的要求几乎达到了苛刻的程度，但这仍然不能满足人们想要更快速度的欲望。按照发明问题解决理论来分析，人们的理想解是由 A 点瞬移到目的地 B 点。这是不可能实现的，但如果以此为目标进行创造呢？以当时欧洲社会的科学技术条件，德国人卡尔·佛里特立奇·本茨创造出了汽车，这个"汽车"就是"最终理想解"。

又如，用户要求 RPA 机器人自动完成各类数据的收集工作，再按照分类自动录入相应业务系统。用户期望的各类数据包含了各种规则的或不规则的、电子或纸质等各种媒介的数据，这是用户的理想解。而 RPA 只能处理规则数据，在此基础上运用图像识别技术将规则的纸质数据识别出来，实现各类媒介上规则数据的自动收集工作，再对这些数据进行分类并自动发送邮件给上级部门领导，减少了用户对这部分工作的投入，超出了用户的预期，更理想地解决了问题。

理想解是不可能实现的，提出最终理想解的概念是要以理想解为牵引目标，无限接近这个目标，从而得出目前能够做到的最好成果。有了这个最高目标，我们才可能去思考突破式创新的方法。爱因斯坦曾经说过，你无法在制造问题的同一思维层次上解决这个问题。对于所有困难的问题，答案都在更高的层次。解决一个问题最好的方法就是让自己提升，当自己上升到一个更高境界后，这个问题就不再是问题了。

13.3.3 创新思维的方法

创新是由创新思维的过程决定的，结果是过程的成果，我们必须不断地实践才能获得想要的成果。一切创新都是从发现问题、提出问题开始的，发现和提出问题的能力取决于我们在生活和工作中锻炼的敏锐的眼光。创新能力就是在不断地确立方向（最终理想解）、发现问题与解决问题的过程中历练出来的。

下面介绍 3 种创新思维的方法。

1. 突破式创新

理想解虽然不能实现，但只有站到了这个高点，我们才能摆脱大多数客观条件和固有想法的限制。从理想解出发，结合现有的知识、科技、社会背景和需求，得到最终理想解，即创造新的事物。

RPA 技术本身就是一种突破式创新。以企业无需投入人力、时间的理想化状态为出发点，结合计算机技术和社会各行业的背景和需求，RPA 机器人流程自动化、RPA 数字员工应运而生。事实证明，RPA 技术也切实影响着许多行业，甚至颠覆了某些行业。

最终理想解的确定是解决问题的关键。项目实施方的惯性思维常常让自己陷于问题不能自拔，解决问题大多采用折中法，而寻找最终理想解可以帮助实施方跳出传统设计的怪圈，得到与传统设计完全不同的问题解决思路。那么，怎样能让自己的思维有一个卓越的跨度，确定最终理想解呢？确定最终理想解的步骤如下。

1）确定项目的最终目标。

2）确定达到理想解的效果。

3）找到达到理想解的障碍。

4）预估障碍将导致的结果。

5）明确如何避免出现这种障碍。

6）找到避免障碍的可用资源。

用下面的场景来试想一下：企业为了调查 20 万个用户对产品的满意度，需要定期对其中 30%（即 6 万个）的随机用户进行电话回访并录入管理系统。随着用户群体越来越庞大，参与回访的员工越来越多，回访工作的强度也越来越大，企业已经无法在这项工作中投入更多的人力和时间成本，但为了优化和升级产品，仍要扩大调查比例。这个难题该如何解决？我们试着应用上面的步骤，分析并确定最终理想解。

1）确定项目实施的最终目标：企业定期对 30% 的随机用户进行电话回访。

2）确定达到理想解的效果：企业实时收到用户的电话回访反馈。

3）找到达到理想解的障碍：参与电话回访的员工人数不足，员工进行回访的工作时间越来越长，但企业没有更多的预算支持。

4）预估障碍将导致的结果：企业不仅无法提高调查比例，可能连最基本的 30% 的用户调查都无法完成。

5）明确如何避免出现这种障碍：部署不需要付出太多财力的低成本员工，无限时工作的员工。

6）找到避免障碍的可用资源：RPA 数字员工和人工智能技术。

确定出最终理想解是：RPA 数字员工与人工智能技术相结合，在规定时间内、规定人群比例范围内，完成现有人力无法完成的市场调查工作。

2. 微创新

微创新是指以最终目标为出发点，基于完成超用户预期的最终理想解为结果的创新方法。简单地说，微创新就是在用户提出的最终目标的基础上进行优化和改造。

在 RPA 技术刚出现时，数据每次从 A 系统录入 B 系统，都需要人工启动一次 RPA 机器人。随着 RPA 技术的发展，"RPA 自动巡检机器人"出现了，只要电脑开机时打开 RPA 机器人，RPA 机器人就会按照预定的规则进行"巡检"和"录入"工作，自动筛选符合 B 系统要求的数据，并由 A 系统录入 B 系统，再也不需要人为一次又一次地打开 RPA 机器人程序。这属于对 RPA 业务流程的优化，是在已知 RPA 流程存在的前提下对现有流程进行的改造和升级。

3. 组合式创新

组合式创新是指几种事物和几种技术手段相结合进行的创新，可以是突破式创新，也可以是微创新。

组合式创新与微创新都是目前最常见、最容易想到且最容易实现的创新方式。读者可以思考一下这个实例，是属于 RPA 与哪种技术组合进行的创新。

全国各地出行都需要验证健康码，大多数场景都是人工站岗核对健康码。试想，如果能实现像地铁和火车站一样，自动检码通行呢？健康码的服务厂商不同，很多地区的软件厂商只负责软件，不能实现刷健康码验证后自动打开闸门通行的效果。

RPA 公司可以和闸门厂家合作，实现 RPA 机器人检测健康码，自动识别行人是否符合通过要求，然后 RPA 机器人发出指令使闸门自动开启，实现自动验码通行的效果。

这就是 RPA 技术与物联网的组合式创新。

创新还要用未来的眼光看现在。《创新者的窘境》一书提出，传统的思想方式聚焦于过去，而正确的思维方式则应聚焦于未来。只有把眼光着眼于未来，站在用户的角度思考问题，才能不断创造新的客户价值，为企业谋求一个长足的发展。

13.4 本章小结

本章主要围绕 RPA 认知与创新进行介绍。我们在 RPA 实施的过程中应通过不断学习、总结和思考，提高对 RPA 的认知和对各行业的认知，5Why 法则、多用户对话等方法非常实用且有助于我们快速成长。当产品优化和迭代到达相对饱和的程度，接下来要做的并不是绞尽脑汁去挖掘不足，甚至给用户创造需求，而是要脱离惯性思维，思考是否可以进行创新。通过刻意练习创新思维的方法，来创造新的业务价值。

Chapter 14 第 14 章

RPA 案例分享

本章将为读者介绍 4 个 RPA 案例，希望能帮助读者进一步了解企业实施 RPA 的要点，更好地管理 RPA 项目的实施工作。

14.1 企业 RPA 项目招标

14.1.1 项目背景

在一次金融行业交流会上，某银行的高层领导接触到了 RPA 产品，并了解到其他银行已使用 RPA 产品实现了银行内部多个业务流程的自动化，且取得了很好的效果。会议结束后，该银行的高层领导交代 IT 部门主管去了解 RPA 是否可以在本银行使用。

14.1.2 初步调研

IT 部门主管将 RPA 的调研任务交给了员工 A，A 主要负责传统应用系统的开发工作，之前没有接触过 RPA。A 通过搜索资源，了解到 RPA 的中文定义是机器人流程自动化，其实就是一款可以模拟人操作计算机的软件，可以替代或辅助人完成规则明确的重复性劳动，并且能够灵活部署，快速落地，可大幅提升业务流程效率，同时还能降低人工操作的错误风险，实现企业业务流程的自动化和智能化，从而降本增效，提升企业运营效率。

RPA 很快激起了 A 的兴趣，凭借多年 IT 开发经验，A 脑海中产生了 2 个疑问。

1）RPA 和传统的自动化测试工具是否一样？
2）RPA 和前几年网络盛行的游戏插件"按键精灵"有什么区别？

为了消除疑问，A 开始深入了解 RPA。通过一段时间的学习，A 发现 RPA 和自动化测试工具、"按键精灵"有很多共性，但也存在不同之处。三者都是通过模拟人的操作来帮助人完成一些自动化任务，自动化测试倾向于有一定编程能力的专业测试人员，通常只是按照测试用例测试单个系统，目的是提升测试效率；"按键精灵"最初用于游戏外挂，逐渐被应用于简单办公，是 RPA 产品的前身，目标群体是个人，即 C 端用户。

RPA 产品经历了自动化脚本阶段、局部自动化阶段（类似于"按键精灵"）和全面自动化阶段，目前已经发展到 RPA 上云阶段，有的 RPA 厂商已经步入 RPA+AI 阶段。RPA 目前可以实现跨部门流程自动化、大规模部署和管理，用户可以是企业，也可以是个人。随着自动化技术和 AI 技术的发展，RPA 可实现的业务场景也越来越多、越来越复杂。

深入了解 RPA 之后，A 挑选了几家市场占有率高、用户反馈较好的 RPA 企业并联系厂商面对面了解 RPA 产品。通过和 RPA 厂商的接触，A 终于看到了 RPA 产品的庐山真面目，了解了 RPA 的技术架构、功能模块、开发及部署方式、适用场景等。A 了解到当前市面上主流的 RPA 产品基本采用的是 DCC（编辑器—控制台—执行端）架构。编辑器、控制台和执行端分别实现编写流程和执行流程的功能，RPA 可以使用传统方法部署，也可以上云部署。同时 A 了解了 RPA 的应用场景和其他银行当前已经实现 RPA 的成功案例。

A 将与 RPA 厂商初步接触后的收获汇报给了部门领导，领导当即决定要在自家银行引入 RPA，并要求 A 去多个业务部门进行 RPA 场景的调研，选取合适的 RPA 场景，让 A 进行一个详细的 RPA 产品调研，选择优秀的 RPA 厂商进行合作。

14.1.3　挖掘 RPA 场景

在 IT 部门领导的协调下，A 组织了一场 RPA 交流会议，邀请多个业务部门的领导参与。在交流会上，A 向业务部门领导介绍了 RPA 的概念、特点、价值以及 RPA 的适用场景。有几个业务部门领导对 RPA 表达了浓厚的兴趣，并提出了几个场景，随后邀请 A 给部门员工普及 RPA 概念并进行现场调研。经过对几个业务部门的现场调研，A 选取了两个符合操作频繁、重复性高的场景作为 RPA 落地的试点项目。

1. 偿债风险审查

银行需要对自己的贷款客户做定期偿债能力风险审查。目前的做法是人工在国家企业信用信息公示系统、信贷管理系统、中国执行信息公开网站收集对象客户的负面消息，然后录入客户管理系统中，提交贷款风险评估给业务管理人员审批，发现异常及时预警。传统的做法完全依靠人工查询，工作量大，仅能覆盖贷款额度大的客户，给银行的经营埋下了隐患。

如果采用 RPA 技术，就能实现从银行内部系统提取全部客户信息，然后在国家企业信用信息公示系统、信贷管理系统、中国执行信息公开网站查询所有客户信息，并汇总分析。RPA 还可以替代人工完成一些审批工作，以提高工作效率和质量，确保合规性；同时把员工从机械的工作中解脱出来，提高员工满意度。

2. CSR[⊖]全球税务信息申报

应行业规范要求，客户的海外账户信息需要呈报至税务机关，避免客户利用海外账户逃税。每个开设海外账户的客户均需在银行和税务部门的系统内查询信息，然后依据 CSR 审核标准进行审批，审批通过的要在税务系统信息申报；审批不通过的要反馈原因给客户。该业务工作量大、操作烦琐，目前人工处理 1 个账户需要约 5～6 分钟，每天需要处理大量账户的申报工作。

选取这两个业务作为试点业务流程，主要是因为这两个业务场景比较典型，实现上涉及文件的操作、CS/BS 系统的操作、邮件发送和数据库操作。此外，每天都需要频繁操作。虽然涉及核心系统，但是并不需要修改系统数据。业务部门的同事也表现得比较积极，希望能尽快从这些重复的工作中解脱出来。

14.1.4　完成 RPA 产品调研

为了对 RPA 产品进行详细的调研，A 阅读了大量的 RPA 资料，多次与 RPA 厂商专家接触，并亲自下载、安装了多种 RPA 产品进行 RPA 流程开发体验。因为银行内部存在很多老旧的系统架构，且银行最看重数据安全，所以 RPA 项目必须满足私有化部署的要求，同时银行作为特殊的金融机构，在安全合规方面有许多特殊的要求，RPA 厂商是否有大型银行项目实施经验也很重要。最后 A 制作了 RPA 产品打分表，如表 14-1 所示，对市面上的多款 RPA 产品进行评分。通过深入体验 RPA 产品以及从不同方面对 RPA 产品进行详细测评，A 得出了初步的调研测评结果并整理了一份调研报告。

表 14-1　RPA 产品打分表

RPA 产品打分项	供应商 A	供应商 B	供应商 C	供应商 D
市场占有率				
产品服务				
技术架构				

⊖　CSR（Corporate Social Responsibility，企业社会责任）。

（续）

RPA 产品打分项	供应商 A	供应商 B	供应商 C	供应商 D
开发及部署方式				
后期运维				
银行项目经验				
大型项目经验				
项目交付能力				
AI 能力				
产品生态				
成本				

14.1.5　开展招标工作

根据前期的调研成果，银行领导层决定引入 RPA，正式启动 RPA。IT 部门按照项目招标流程正式开展 RPA 产品的招标工作，招标文件内部审核通过后，将 RPA 招标文件公告发布。银行内部成立了由业务部、科技部、信息部、安全部等职能部门的代表组成的评标委员会，负责本次项目的评标工作。

1. 招标启动会议

由 IT 部门牵头，将招标邀请函发送给候选 RPA 厂商，并组织招标会议。在招标会议上介绍本次招标项目的项目背景、需求、投标文件的编制要求和实施 PoC 的范围和时间要求，回答供应商提出的一些问题。

2. PoC 实施

供应商准备应标书的过程中，一项重要的工作便是在规定时间内完成 PoC。在此过程中，IT 部门指派专人协助供应商确认业务需求，开通测试账号权限，回答银行现有的 IT 基础设施问题。供应商使用各自的 RPA 产品对本次 PoC 的重点功能点进行实现，对项目整体架构、使用技术和方案的优势及报价做好陈述准备，在应标规定时间内提交密封的应标文件和 PoC 程序。

3. 讲标与 PoC 演示

讲标会当天，各供应商按抽签顺序在规定时间内完成讲标和 PoC 成果演示，根据招标文件要求，介绍公司和 RPA 产品获得的各类资质与荣誉、同类项目实施案例；围绕本项目的实施方案及方案的优势，陈述和演示 PoC 的成果物以及后续的维保服务等内容。评标委员会全体成员出席会议，并对供应商进行提问。

流程开发完成的供应商开始整理资料，进行交付。他们向用户进行演示，还发放了使用手册。之后几天，业务部门的同事分别对各个供应商交付的流程做了验证，并记录验证结果，主要从准确度、执行效率两方面进行评分，同时也给了一些异常情况和数据，验证程序的健壮性和异常处理方式的友好度。

14.1.6　完成招标评价

供应商应标陈述结束后，评标委员会全体成员根据招标评价要求，从商务、技术、价格和 PoC 四个维度对各供应商进行评价，如表 14-2 所示。依据评分进行排名，宣布评标结果。至此，RPA 招标工作完成，该银行开始了 RPA 之旅。

表 14-2　招标评价表

大	中	小	供应商		
			供应商 A	供应商 B	……
商务	资质	注册资本			
		产品代理权限			
		行业项目经验			
	规模	持证开发人员数量			
		销售额			
技术		技术参数			
		实施方案			
		培训方案			
		运维方案			
		增值服务			

（续）

大	中	小	供应商		
价格	软件成本	控制台			
		编辑器			
		执行端			
	实施成本	总包价格			
		人天单价			
PoC		产品			
		准确性			
		执行效率			
		友好度			
		方案优化			
		实施耗时			

14.2 RPA 在金融行业的实践

随着金融科技的快速推广，在数字化、智能化转型期间，越来越多的商业银行借助人工智能等技术打造特色智慧银行、无人银行等新模式。尤其商业银行，在市场压力和监管压力下被迫寻求更低成本、更高收入、更高效率的新途径。节省成本尤其是人力成本，往往能给银行带来更直观的净利润提升。

本节分享笔者所在团队为某家商业银行实施 RPA 项目的经历，涵盖需求调研、开发测试、上线运维的整个 RPA 生命周期。

14.2.1 项目背景

在数字化转型期间，该银行的资金管控模块中存在一个很棘手的、一直没能得到有效解决的问题，即同业对账业务的准确率及效率偏低。具体场景为：该银行有上百个不同银行的账户，需要分别人工插入 U 盾登录各网银系统，下载流水文件并转换成指定的格式后，传输到内网系统中。根据一定的对账规则进行对账，将对账差异部分生成余额调节表，再对差异部分进行人工登录、肉眼对账。该业务操作一方面影响了员工每月工作效率，另一方面影响了银行的资金管理效率。

总行领导层从每年一度的金融行业会议上了解到，某金融机构的外汇管理模块已实现 20 多个国家汇率实时信息同步、资金账户全链路打通。总行领导层召集数字化转型项目组开会讨论是否可以借鉴该金融机构的成功经验，结合本行实际情况，解决同业对账业务的痛点，并期望能挖掘出更多适合自动化的业务场景。

在该金融机构的引荐下，笔者团队与商业银行进行了首次交流，为其分享了金融行业的 RPA 解决方案与应用价值、RPA 产品及技术原理和为客户成功实施 RPA 的经验等内容。银行领导表达了积极的合作意愿，但是对银行的实际流程场景表示担忧，认为不一定能实现，需要建设一套评估体系，最好能出具一份可行性分析报告。

14.2.2　流程发现与初步评估

会后，受银行领导层邀请，笔者团队为银行业务人员对 RPA 的理念、技术特点、适用条件、价值效益等进行了培训。借助培训的机会团队也收集了一些来自业务人员的自动化需求，这些需求来自渠道运营部、客服部等众多业务部门的众多场景。

笔者团队首先将重点放在同业对账业务场景上，要想 RPA 顺利实施与推广，必须先保证试点流程成功实施。对同业对账场景的业务路径进行初步梳理与分析，将步骤整理如下。业务流程如图 14-1 所示，交由业务用户确认。

1）在电脑上插入 U 盾。

2）打开企业网银页面。

3）输入登录信息。

4）点击明细查询。

5）查询数据。

6）将下载的文件另存为标准格式。

7）将下载的文件上传到公司的内网系统中。

8）从核心系统中下载各家银行的明细账。

9）根据对账规则，将下载的文件与明细账核对。

10）针对异常情况备注并编制银行存款余额调节表。

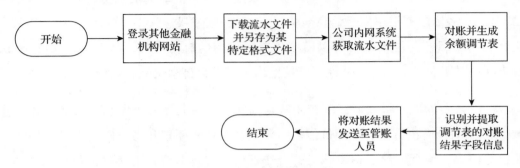

图 14-1　同业对账业务流程图

组织技术人员对该流程的技术可行性和业务收益进行评估，输出可行性报告提交给领导层。技术可行性主要看环境是否涉及物理世界，在某些关键节点是否有技术阻塞，是否存在不被 RPA 元素识别引擎识别的软件，是否基于固定规则等方面。业务收益主要考量流程的单次操作时间、操作频次、工作量等。同业对账业务可行性报告的部分内容如下。

1. 技术可行性评估

该流程的技术难点涉及 U 盾物理世界。银行 U 盾为了保障交易安全性，在设计之初只允许一台电脑一次只使用一个 U 盾，不能同时操作多个 U 盾。普通的 USB Hub 没有考虑一次操作几家银行的不同 U 盾，一旦把所有 U 盾都插上系统，会自动加载所有 U 盾到设备管理器，造成硬件冲突，且不同银行的网银控件会互相争抢资源，导致系统报错。经讨论，技术人员给出了初步方案——U 盾云盒子（USB over Network）。所有 U 盾插上设备盒子，当 RPA 脚本执行连接命令时，设备盒子会把需要的 U 盾加载上来，映射到 RPA 执行客户端上，从而解决网银控件争夺资源造成的冲突和异常。

此外，该业务流程规则清晰且确定，网页上不存在 RPA 不能识别的界面元素，通常银行网站短期内对该模块进行升级的概率很小。综上所述，评估技术可行。

2. 业务收益评估

一次完整的流程人工单次操作时间预估为 30 分钟，155 家账户，每天对账 1 次，一个月 22 天，每月工时为 102 300 分钟。应用 RPA 后，全部流程操作时间仅 60 分钟，效率提升 100 倍，准确率达到百分百。

3. 优先级

由于技术可行，业务收益可观，因此评估优先级为高。

除了同业对账业务外，笔者团队通过访谈、问卷等形式收集、梳理银行各部门的主要工作内容，帮助其发现和挖掘可被自动化的操作，最终梳理得到 14 个业务场景作为 RPA 候选流程，如表 14-3 所示。

表 14-3　业务场景汇总表

序　号	流程名称	业务部门	流程来源
1	银行存放同业对账	财务部	试点案例
2	企业征信数据查询	渠道运营部	流程挖掘
3	对公开户报送	渠道运营部	流程挖掘
4	信贷产品智能营销	渠道运营部	流程挖掘
5	信贷财务报表分析与录入	渠道运营部	流程挖掘
6	贷后智能语音催收	渠道运营部	流程挖掘
7	全行每日报表下载	财务部	流程挖掘
8	考核底稿核对与计算	财务部	流程挖掘
9	客户信息联网核查	信用卡中心	流程挖掘
10	不良数据整理	信用卡中心	流程挖掘
11	系统运维日报汇总整理	IT 信息中心	行业已实施成功经验
12	服务器数据迁移	IT 信息中心	行业已实施成功经验
13	企业增值税核对	财务部	行业已实施成功经验
14	个人 / 企业信息监管报送	渠道运营部	行业已实施成功经验

对这 14 个业务场景进行可行性评估，得到初步的流程实施优先级，如表 14-4 所示。

表 14-4 业务流程可行性分析（部分）

流程名称	流程所属部门	现有流程场景描述	需要 RPA 实现的功能	操作频率（天/月）	工作量	单次处理时长（分钟）	总操作时间（分钟/月）	涉及系统	系统有无升级计划	初步判断可行性	优先级
银行存放同业对账	财务部	手工插入 U 盾，登录网银账户，下载流水文件，下载公司明细账数据，人工比对	每月对账时间自动触发登录网银系统、下载流水文件并上传至公司核心系统，与明细账进行核对，生成余额调节表，并将对账结果发送至主管账人员处	22	155	30	102 300	网银、U盾、公司核心系统	无	可行	高
企业征信数据查询	渠道运营部	输入客户姓名、登录人行征信系统，点击"查询"，下载并存	根据输入客户姓名，自动匹配信息库进行数据查询，自动将查询结果保存在本地表格中	22	60	5	6 600	人行征信系统	无	可行	高
对公开户信息报送	渠道运营部	根据客户名称、证件号登录账管系统，采用人工比对、填写并报送	根据客户名称、证件号自动登录账管系统，查询并与提供的信息自动比对，自动填写开户内容，向人行账管系统完成账户信息报送	22	6	每个柜员30	每个柜员3 960	国家企业信用信息公示系统、人行账管系统、机构信用代码系统	无	可行	高

　　银行领导层对笔者团队前期的工作非常满意，双方就流程实施范围、项目周期达成一致后，签订项目合同，项目组成员开始入场启动 RPA 项目的实施工作。本次项目的实施范围和时间计划如表 14-5 所示。

表 14-5　RPA 项目计划

工作内容	项目开始时间　年　月　日									
	第一周	第二周	第三周	第四周	第五周	第六周	第七周	第八周	第九周	第十周
项目启动	■									
项目准备	■									
控制台测试与部署		■	■							
个人/企业信息监管报送流程设计、开发		■								
个人/企业征信查询流程设计、开发										
柜面对公开户报送流程设计、开发							■		■	
信贷产品智能营销流程设计、开发										
信贷财务报表分析与录入流程设计、开发		■								
银行存放同业对账流程设计、开发										
客户信息联网核查流程设计、开发							■	■		
贷后智能语音催收流程设计、开发		■								
企业增值税核对流程设计、开发				■						
项目测试							■	■	■	■
项目上线										
项目运维										

14.2.3　需求调研与分析

　　RPA 项目实施的首要工作是对实施流程进行详细的需求调研与分析，通过走访、实地观察与操作等方式与业务人员深度沟通，由浅至深、逐步细化地梳理业务操作步骤，将实际业务操作转换成 RPA 机器人的自动作业，并对其中的流程实施难度、技术实现细节和效益分析进行更为细致的分析与评估。

以同业对账业务场景为例，形成如表 14-6 所示的需求调研文档。

表 14-6　同业对账业务需求调研文档

序　号	项　目	内　容
1	流程名称	同业对账
2	涉及部门	财务部
3	业务场景需求概述	**流程需求 1：自动下载流水** 1）登录各家网银或外部系统，自动下载指定日期的流水文件并转换为标准格式 2）把外网下载的流水文件传输到内网系统中 3）从核心系统中下载或通过接口对接获取各家银行的流水明细账 **流程需求 2：明细账比对并生成余额调节表** 1）根据对账规则，比对各家银行的银行流水明细账和核心系统流水明细账 2）生成明细账余额调节表
4	RPA 功能需求	**机器人 1：**由时间触发，在每月对账时间自动启动，下载 155 个账户的外网系统数据，并通过邮件或行内其他传输工具发送给数据处理机器 **机器人 2：**由邮件触发，收到银行流水文件后自动启动，进行对账数据处理，并生成报表发送给管账企业 需要将不同银行企业网银数字证书 U 盾插入 USB Hub，USB Hub 须支持至少 50 个 U 盾同时连接，并可以通过 USB 虚拟串行端口和控制应用通信实现端口控制，使 RPA 在一台终端依次对不同银行账户完成自动化操作
5	业务流程功能描述	**功能描述 1：登录** 1）登录各银行网站下载流水文件 2）输入账号、密码登录网银，在流水模块选定相应日期，下载流水文件并重命名 3）输入网银账号、银行账号、密码、日期 **功能描述 2：取数** 1）通过文件方式从内网获取流水数据 2）通过接口方式从内网获取流水数据 **功能描述 3：邮件通信** 1）下载原始网银流水文件后，通过邮件发送给另一个机器人，机器人识别标题"原始流水"字段和银行名称后触发相应银行的后续流程 2）生成余额调节表后，机器人识别表格名称中的"对账结果"字段和银行名称，发邮件给该银行相应管账人员 **功能描述 4：转换文件格式** 机器人识别原始流水文件标题中的银行名称，并转换为对应银行的标准格式流水文件 **功能描述 5：比对明细账并生成余额调节表** 根据对账规则，比对各条目金额与数量
6	实施效益评估	$$FTE = \frac{一项工作操作频率 \times 工作量 \times 单笔处理时长（分钟）}{160 \times 60}$$ 同业对账每月进行一次，每次需要处理 155 个账户，每个账户操作耗时 60 分钟，以每月工作 20 天、每天 8 小时计算，每个月的总工时为 160 小时 $$年 FTE = \frac{155 \times 1 \times 60 \times 12}{160 \times 60} = 12.84 人月$$ $$ROI = \frac{FTE 节省人月 - 流程开发人月}{流程开发人月} = \frac{12.84 - 1}{1} = 1184\%$$
7	其他	流程的稳定性：稳定 技术可行性分析：可行 实物关联性：U 盾 交付周期：1 人月

基于上述调研获得的需求，从实施难度与量度两个方面进行评价，并输出需求调研分析报告。实施难度主要依据流程节点的数量和是否涉及中等复杂程度的操作、操作本身是否存在风险、逻辑判断分支数量、异常容错处理情况、人机交互程度、人工智能组件等进行打分。

量度评价主要是以业务流程自动化中人工处理占比、流程自动化运行时长、ROI等为依据。业务流程自动化比例越高，分数越高；流程自动化实施前与实施后相比，总流程执行时长相差越大，分数越高；FTE 与 ROI 指标的值越大，分数越高。

表 14-7 和表 14-8 分别为同业对账机器人的实施难度评分表和量度评分表。

表 14-7　同业对账机器人实施难度评分表

项　目	评　分	说　明
流程涉及中等复杂的交易	9	关键节点数 8
场景异常容错处理	9	存在容错处理
交易的内在风险	1	不存在内在风险
逻辑判断场景	8	存在逻辑判断
人机交互程度	1	不涉及人机交互
人工智能组件	8	人工智能组件多
合计	36	

表 14-8　同业对账机器人量度评分表

项　目	评　分	说　明
业务流程自动化比例	9	100%
流程自动化后的运行时长	9	RPA 执行时长效益提高超过 300 倍
流程收益体现（ROI）	9	6294%
合计	27	

14.2.4　流程设计、开发与测试

项目组成员由 1 名 RPA 架构师、3 名 RPA 开发人员和 1 名 RPA 测试人员组

成，其中架构师由项目经理兼任。在项目经理的统一管理下，先对本次项目的整体部署架构、项目框架进行设计，对开发规范和组件调用规范进行内部培训和约定。然后由项目组成员针对各自负责的流程，根据需求调研所得到的详细需求进行开发、测试，制订更详细的开发测试计划，完成流程的详细设计、开发和测试工作。

1. RPA 部署架构设计

由于项目涉及多部门、多网络环境，考虑到流程部署的灵活性，决定本项目架构设计采用混合式部署的方式，生产环境、互联网环境各部署一套控制台，控制台之间通过邮件系统进行数据交换，并在生产环境中设立公共机器人组。本项目架构如图 14-2 所示。

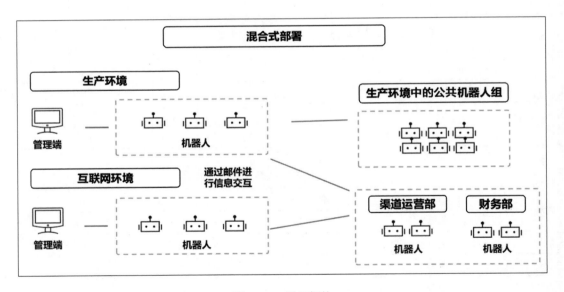

图 14-2　项目架构

2. RPA 项目框架设计

本项目多为财务部、渠道运营部的数据处理流程，针对该业务场景，对整个项目的流程开发进行框架设计，主要包含流程执行前的初始化配置、依赖环境检查，流程执行中的异常处理和流程执行后的资源释放与清理等。例如，图 14-3 为读取与初始化配置流程，图 14-4 为异常处理流程。异常处理要求除了按照框架进行收发邮件、流程重试外，还要对出错流程进行截图、日志记录，并且在流程出错时设计人工干预措施，确保业务的连续性。此外，对于表格数据处理超过 10 分钟的流程，项目组内约定应尽可能选择脚本语言实现。

图 14-3　读取与初始化配置流程

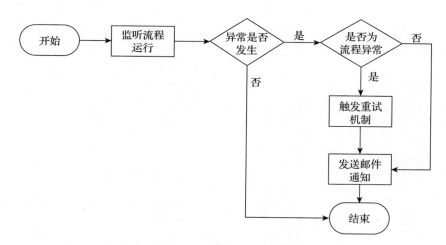

图 14-4　异常处理流程

3. 开发、测试任务分解

开发测试人员仔细阅读详细需求文档后，制定开发测试任务。每个流程约有两周的时间进行设计和开发。表 14-9 为 RPA 开发工程师 R1 的工作任务分解。

表 14-9　开发工作任务分解

	任务名称	计划时间/天	计划开始时间	计划完成时间	实际完成时间	责任人	备注
信贷财报报表分析与录入流程	需求分析阶段					R1	
	需求编写	3	2021/8/5	2021/8/8			
	需求评审	1	2021/8/8	2021/8/9			
	设计开发阶段						
	准备测试环境	0.5	2021/8/9	2021/8/9			
	搭建流程设计和框架	1	2021/8/9	2021/8/10			
	表格获取	2	2021/8/10	2021/8/12			
	数据处理	3	2021/8/12	2021/8/15			
	流程自测	1	2021/8/15	2021/8/16			
	测试阶段						
	流程评审	0.5	2021/8/16	2021/8/16			
	流程优化和修改	1	2021/8/16	2021/8/17			
	全链路调试	0.5	2021/8/17	2021/8/18			
	完善流程设计文档	0.5	2021/8/18	2021/8/18			
	流程功能性测试	0.5	2021/8/18	2021/8/19			
	流程结果测试	0.5	2021/8/19	2021/8/19			
	客户确认测试	0.5	2021/8/19	2021/8/20			
	试运行投产阶段						
	流程投产	1	2021/8/20	2021/8/21			
	流程优化和修改	1	2021/8/21	2021/8/22			
	操作使用文档编写	0.5	2021/8/22	2021/8/22			
	业务人员操作培训	1	2021/8/22	2021/8/23			

4. 流程详细设计

以同业对账为例，业务流程可分解为登录模块、流水文件获取、数据传输、核心系统数据获取、明细对账、异常处理、参数配置等需求模块。分别对这些模块进行流程的详细设计，并输出流程详细设计文档，图 14-5 为流程详细设计图。

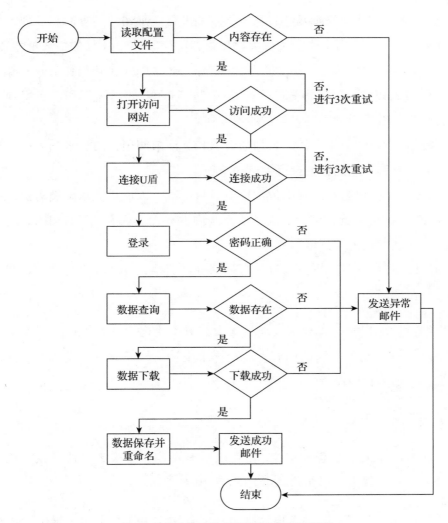

图 14-5　同业对账业务详细设计流程图

各功能的具体技术实现详细描述如下。

1）登录模块：使用 RPA 产品自带浏览器控件进行登录，将 U 盾云盒子部署在机房。通过 U 盾云盒子对多个 U 盾进行管理，通过 RPA 来自动调用相对应的 U 盾。账号和密码通过控制端进行统一存储和修改；对于登录失败和网页跳转失败进行三次错误重试；对于组件获取不到、广告弹窗等错误通过邮件通知相关技术人员。

2）获取流水文件：登录网站后，根据日期进行流水文件的查询和下载，并对下载后的文件进行统一存放，存放文件夹以项目 / 流程 / 日期 / 文件的格式重命名。

3）数据传输：通过邮箱系统进行数据传输，通过 RPA 邮箱组件对收发邮箱进行监听，监听方式以"时间 + 标题"为筛选条件，标题为银行名字和流水组合，判断邮件有无附件，若无附件则进入异常处理流程。

4）获取核心系统数据：核心数据通过 HTTP 请求调用行内流水查询接口进行数据获取，并对查询出来的数据进行筛选和整理。

5）明细对账：根据对账规则依次比对条目金额，以比对流水金额为例，银行流水中有一条 10 000.00 元的账目，而核心系统内没有，则认为二者有出入，输出至余额调节表，原因标记为"待定"。

6）异常处理与参数配置：通过项目框架进行初始化处理和异常处理，并对一些参数进行规范命名。

在详细设计流程时，将异常处理和参数配置模块运用到各组件流程中，并增加流程概述和部分非功能设计的内容。流程详细设计文档完成后，进行内部评审，根据评审反馈增加流程启停策略。

5. 流程开发与测试

流程详细设计文档评审通过后，负责该流程的 RPA 开发人员便开始流程开发工作，测试人员开始测试计划和测试用例的准备工作。

在开发过程中，团队时刻考虑流程组件的复用，组件复用的流程由开发人员发起，将新开发或新修订的功能组件上传至控制台组件库，由项目经理进行组件复用审核。通过后，其他 RPA 流程便可调用该组件进行重用。组件库的建设流程如图 14-6 所示。

开发人员完成流程的开发和自测后，提交给测试人员进行流程测试工作。测试人员除了验证流程的正向、逆向功能外，还对各种超时、异常等情况进行容错性测试，包括验证日志是否记录规范、日志内容是否详细、告警邮件是否正确发出、大数据量情况下流程执行效率是否在业务接受范围内等；开发人员修复测试发现的流程缺陷，直至测试验证通过。在此过程中，团队还会组织流程代码评审工作，以确保流程开发遵守项目框架约定和代码规范。

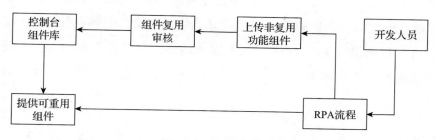

图 14-6　组件库建设

　　测试人员内部测试通过并发出测试报告，项目经理通知运维人员协助将流程发布到 UAT 环境供业务用户验证。核心开发人员为业务用户进行流程演示和操作培训。业务用户确认流程执行的结果是否与需求一致，流程运行的准确度和执行时间是否符合业务需求。对于同业对账流程，增加随时启停的人工干预，该流程的启停是通过对表格数据进行标记控制的，需要业务人员确认启停是否符合预期，重启流程时，是否能继上次执行的标记位继续进行。业务用户完成流程验收后，发出验收通过的邮件。图 14-7 为业务用户的验收流程，针对验收过程中业务用户提的修改反馈，笔者团队会评估是严重的缺陷还是新需求，以及改动的工作量，协商解决后再次提交业务用户进行流程验收。

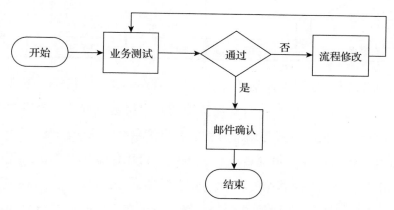

图 14-7　业务验收流程图

14.2.5 流程上线与运维

在业务用户进行 UAT 验收的过程中，笔者团队进行生产环境 RPA 控制台的部署。流程验收通过后，团队负责将流程发布到生产环境，完成各配置项，并为银行的应用运维工程师进行 RPA 运维知识方面的培训，包括流程的发布、启停、排程维护、日志查看、权限配置等操作，以及 RPA 运维工作中的操作规范和风险预防措施。

根据流程的运行环境是内网还是外网、业务执行时间段及执行时间，我们为所有流程编排了一张流程运行表，如表 14-10 所示，通过控制台对机器人须调用执行的流程进行静态排程或动态排程，并增设资源池以应对流程切换和并发需求，提高机器人资源的利用率。

表 14-10　流程编排详情

任务名称	运行时间（分钟）	运行频次	流程启动时间	运行环境
个人 / 企业信息监管报送流程	30	1 次 / 天	全天任意时间	内网
个人 / 企业征信查询流程	10	实时	8:30-5:30	外网
柜面对公开户报送流程	30	实时	8:30-5:30	内网
信贷产品智能营销流程	10	每周 100 次	全天任意时间	外网
信贷财报报表分析与录入流程	30	每天 1 次	8:30-9:30	内网
银行存放同业对账流程	60	每月 150 次	全天任意时间	外网 + 内网
客户信息联网核查流程	30	每天 1 次	每天 10:00 之前	外网 + 内网
贷后智能语音催收流程	10	每周 100 次	8:30-5:30	外网
企业增值税核对流程	10	实时	8:30-5:30	外网

图 14-8 和图 14-9 分别为内网环境和外网环境的 RPA 流程任务编排详情。内网环境配置了 3 台机器人终端，一台终端负责公开户报送流程；一台终端在不同时间段分别执行信贷财报报表分析与录入流程、客户信息联网核查流程、个人 / 企业信息监管报送流程和银行同业存放对账流程；剩余一台用作备用终端，可随时接管两台终端的流程作业。外网环境配置了 4 台机器人终端，一台负责执行个人 / 企业征信查询流程；一台负责执行企业增值税核对流程；一台在不同时间段分别执行贷后智能

语音催收流程、信贷产品智能营销流程、银行存放同业对账流程和客户信息联网核查流程；剩余一台同样用作备用终端，以保障业务的连续性。

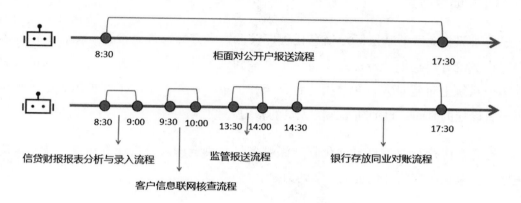

图 14-8　内网环境编排

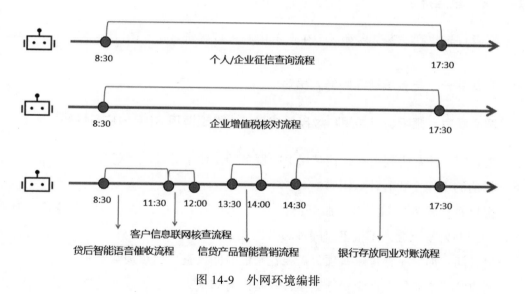

图 14-9　外网环境编排

在流程试运行的 6 个月里，笔者团队与银行的运维人员始终保持着密切沟通，解答其维护过程中遇到的各类疑问，监控流程运行情况。同时，在双方签署的战略合作框架下，项目团队与行方业务部门持续沟通，继续挖掘更多业务场景，使用 RPA 实现更多跨部门、跨系统流程的自动化。

14.3　RPA 在基层医疗的实践

14.3.1　项目背景

我国部分地区的基层医疗信息化程度较低，一方面，各类检测数据、工作日志和工作量统计等仍旧依赖医务人员手工书写和人工统计；另一方面，医务人员需要在多个系统上重复录入检测数据进行存档和上报。这些繁重的工作占用了原本可以为患者诊疗的时间，也消耗了医务人员的精力。

笔者在医疗行业信息自动化领域深耕多年，决定深入分析业务痛点，找寻解决方案，为基层医疗信息化贡献微薄的力量。

14.3.2　基层痛点

笔者首先找到一家基层社区卫生服务中心进行调研。

1. 场景一：与基层医疗服务人员对话

留心观察，倾听、引导用户说出最终目标，发现适用 RPA 的应用场景。

笔者问：经常听到大家讨论基层医疗服务的工作十分烦琐，想具体向大家了解一下，目前的工作主要有什么困难？

用户答：服务项目太多，服务群体大，经常需要入户家访，在路上花费的时间多，回到办公室还会占用很多时间抄写健康档案。

笔者问：那大家觉得哪些项目需要花费的时间最长、最烦琐呢？

用户答：给老年人做免费健康体检花费的时间最多。要先给老人做体检登记，然后开检查化验单，之后把体检数据抄写回来，将所有化验单粘贴装订，填写体检表和体检报告，最后还要将所有数据录入国家指定的平台。周一的健康体检报告，经常要到周四或周五才能完全做好，每天只能完成几十个人次的体检数据处理，有时数据抄写过程中难免忙中出错，老人们也因长时间等待体检结果，觉得我们工作效率低。

笔者问：好的，这种工作模式的确比较落后且费时。那大家期望的工作模式是怎样的呢？

用户答：希望不用到处手抄数据，能够直接打印检查化验单，不用手写体检表和体检报告，这样能节省我们大半天的时间。

笔者问：好的，我理解了大家对这项工作的期望。体检一般都需要收集哪些数据？我看看能不能想办法为大家解决这个问题。

用户答：能解决那就太好了！我们最常收集的数据是化验室的生化检查数据、心电图和彩色多普勒检查数据、X 光片检查数据、一般体格检查数据、视力检查数据等，还有其他一些小项。这是我们的体检表，您可以详细看一下。

根据与医护人员的沟通和对体检表模板进行分析，确认了体检表的数据来源及实际业务操作流程。从图 14-10 可以看到，该社区服务中心信息化程度较低，通过问诊得到的信息依赖纸笔记录，通过仪器设备检测得到的数据，由于涉及多个不同的系统设备（LIS、PACS、ECG⊖），彼此间数据孤立，最后还是依赖纸笔抄写和手动汇总。大量字段信息依赖人工抄写，发生错误是不可避免的，且手写数据可读性差，不易于数据流转与共享。

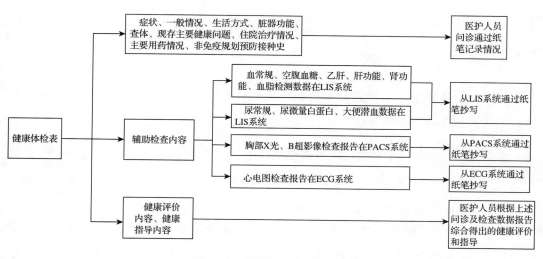

图 14-10　健康体检表数据来源

⊖　LIS、PACS、ECG 均为检测设备对应的存储检测数据和报告的系统。

2. 场景二：与信息科负责人对话

多用户对话，发现传统 IT 系统解决该问题的成本极高，考虑应用 RPA。

与一线医护人员沟通后，笔者带着数据为何没有用统一的系统来管理、还依赖纸笔抄写等问题，找到信息科负责人了解情况。

负责人回答道：基层卫生服务中心普遍存在信息化投入不足的情况。目前卫生服务中心所用的 LIS、PACS 是多年前采购的单机版应用，如果替换成联网版，需要一笔很大的预算。与 HIS 的数据打通需要和系统供应商沟通二次开发。另外，公共卫生平台是本地卫健委招标的平台，目前并不支持以接口的形式进行数据上报。如果有一种方法能在不改变现有设备系统应用的基础上实现数据联通，帮助医务人员自动读取和填报数据，而且实现成本低，那就太完美了。

之后，笔者走访了其他几家社区卫生服务中心，询问了基层医疗服务人员和信息科工作人员，发现他们面临的问题是相同的。就老年人体检这一场景来说，普遍存在手工抄写、重复填写的现象，笔者感到这是一个 RPA 技术应用的良机。

14.3.3 确定方案

1. 场景三：与研发同事对话

明确用户工作的核心问题及最终目标，确认 RPA 的适用场景，积极讨论解决办法，使用真实工作场景评估技术可行性。

笔者问：近期与 10 多家社区卫生服务中心进行现场调查和电话会议，了解到用户最终要的是一份汇总体检表，体检表的数据来源有问诊、检测系统、医生诊断结果 3 种。大家对此在实现上有什么想法或提议吗？

同事 A 答：目前常用的解决各系统数据打通的方法是传统 IT 接口技术（包括 HTTP 接口、RPC 接口、Web Service 接口），但用户反馈接口集成的开发成本太高，很难推进。我们可以尝试应用 RPA 技术，因为 RPA 有个连接属性，用 RPA 技术尝试将存储在 LIS、PACS、ECG 等平台的数据、图像和报告收集起来。

笔者问：赞同。大家评估下技术实现上有什么困难吗？

同事 B 答：结合我们现在掌握的 RPA 技术，如果使用 RPA 机器人，并不能确保数据、图文收集方面的准确性、稳定性和完整性。如果我们的尝试成功了，也要为收集到的这些数据、图文提供一个存储中间库。

同事 C 问：让 RPA 机器人将抓取的数据直接录入国家指定的平台就好了，为什么还要单独提供一个中间库？

同事 B 答：本地部署的 RPA 机器人在进行数据收集工作时，需要同时打开 RPA 机器人和相应的医疗信息系统，比如收集抽血化验数据需要同时打开 RPA 机器人和 LIS 系统；收集影像检查的图文报告需要同时打开 RPA 机器人和 PACS 系统。因为基层服务人员的电脑不能使用 LIS、PACS、ECG 系统，所以需要由负责各个体检项目的体检医生先打开各自使用的工作平台和相应的 RPA 机器人，在 RPA 机器人采集各医疗信息平台的数据和图文后，再集中回传至中间库。最后，基层服务人员打开中间库，由专用的 RPA 机器人把汇总的数据上传至国家指定的基层公共卫生服务平台。

同事 C：好的，明白了。

团队讨论后得到的初始方案如图 14-11 所示。接下来，研发人员开发了简单的 RPA 机器人，对各医疗信息系统上的数据和图文进行提取，并在现场进行初步测试，验证了数据收集上的技术可行性。

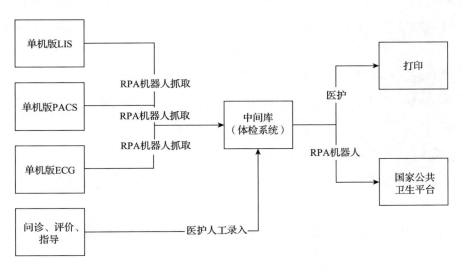

图 14-11　RPA+ 体检系统（中间库）初始方案

2. 场景四：现场出"神灵"

分析用户需求，设计产品功能，优化产品体验，实现人机协同办公模式。

完成初步的技术可行性验证后，业务分析师在现场与体检医生、院方信息技术人员进行了多次沟通，收集实际业务流程的操作细节，并通过亲自体验体检流程、走访老年人的感受来深入挖掘业务需求。

经过需求调研、分析和梳理，确定了老年人体检流程的详细需求细节。一份健康体检表主要由三类数据构成——问诊数据、各医疗信息系统产生的数据和体检结果评价。机器人的目标是实现所有体检数据的结构化存储及信息汇总与上报。此外，实际业务过程中还经常存在老年人因看不懂体检结果而面见医护人员现场解答的情况，以及社区服务人员线下送体检报告给老年人的场景。针对这些需求痛点，我们优化了系统功能，如图 14-12 所示，主要功能如下。

1）提供统一的体检系统入口来登记体检人员的身份信息和问诊信息（如身高、体重、腰围、血压、视力、口腔等）。

2）由多个 RPA 机器人分别从 LIS、PACS、ECG 等医疗系统抓取界面上的数据和图文存储到中间库，并将数据同步到体检系统中。

3）医护人员可通过体检系统直接查询、查看、一键生成和打印所有体检项的检查报告。

4）系统能通过智能分析模块对体检数据进行智能分析，对关键指标给出解释说明，自动为医护人员生成对应的健康评价与指导的文案模板，方便医护人员高效填写。

5）具有按层级审查体检报告的功能。

6）通过 RPA 机器人自动登录国家公共卫生平台进行体检数据的自动填写与上报。

7）通过 RPA 机器人自动向老年人或其家属发送电子版体检报告。

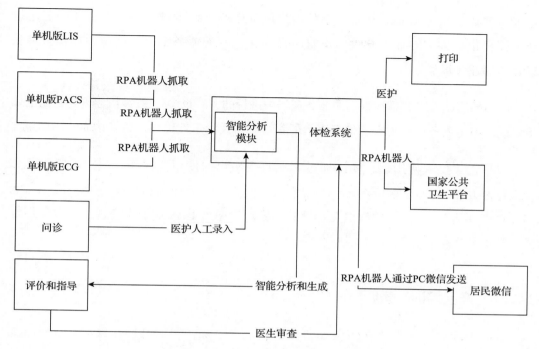

图 14-12　RPA+ 体检系统方案最终版

14.3.4　调研市场意愿

确定了 RPA 机器人在医疗体检场景的解决方案后，笔者与不同区域的多家社区卫生服务中心的用户进行对话，向其介绍该解决方案的功能、特点和可达成的效果，宣传 RPA 应用可加速社区基层医疗的信息化建设、解放劳动力，为其带来降本增效的效果，并了解各社区卫生服务中心的购买意愿。

市场调研结果反馈理想，各基层卫生服务中心对该场景应用的需求度和接受意愿都较高，若系统能实现预想效果且定价合理，约 74% 的机构都表示愿意购买。这给笔者所在团队带来了极大的鼓舞，我们决定将该场景的应用往产品方向进行打磨和研发。

14.3.5　产品研发、测试与迭代

为保证产品研发的严谨性、专业性和实用性，我们有幸聘请了一位从事基层老

年人免费体检服务多年、经验丰富的卫生服务中心工作者做顾问，他在产品需求设计方面提供了许多专业的建议，丰富了自动化流程的业务细节，使应用操作更加贴近真实的业务场景。

产品的测试大多数是在真实的业务现场中进行的。经过多轮 RPA 机器人与自研的体检系统、卫生服务中心现有各信息平台的集成测试及稳定性优化，最终达成使用期望。

产品正式投入使用后，团队通过定期收集用户的使用反馈和建议，不断优化和升级产品功能，以满足市场对产品的要求。例如，后期陆续新增了一年一度的"老年人自理评估""中医体质辨识及指导"等模块，通过 RPA 机器人实现了这些应用场景的数据数字化管理和一键上报。

14.3.6　产品培训、售后与推广

产品上线后，笔者所在团队编写和录制了产品操作手册与操作视频，并对有关工作人员分批次进行使用培训。负责售后的同事驻场在卫生服务中心，一方面进行 RPA 机器人的运行监控，随时跟进和解答用户使用过程中的问题；另一方面通过线上、线下的回访调查来收集用户体验。当用户能熟练使用体检系统，并习惯于 RPA 机器人助手的协同办公后，院方对笔者团队的工作给出了一致好评。据分析，机器人的上线帮助该卫生服务中心将运营效率提升了 20 倍，出色地完成了老年人的健康体检任务，该解决方案也受到该区域基层医疗服务中心的表扬。

之后，笔者所在团队将 RPA 应用于医疗体检等场景的解决方案通过宣讲、演示、试用等方式向更多地方医院进行推广，同时继续挖掘医疗领域更多可被自动化的场景，不断丰富产品功能，希望通过机器人与人的协作，推进基层医疗机构的数字化建设，帮助医务人员从低价值的工作中解放出来，提升基层医疗的工作效率和服务质量。

14.4　企业通过 RPA 数字化转型

CW 公司是一家拥有 6000 多人的 IT 技术服务商，企业主要业务范围是传统 IT

人力外派服务、IT 解决方案咨询与开发服务、呼叫中心服务。Peter 是该公司的招聘部门主管，管理着近 200 人的招聘团队。通过对员工日常工作的访谈和调查，Peter 发现招聘团队的日常工作中有很多乏味、机械和重复的任务。

14.4.1　认识与试点

2018 年，在一次探讨企业如何进行数字化转型的高层会议上，Peter 表达了招聘部门长期处于工作饱和状态的压力，并分享了收集到的结果，引起了公司高层的重视。另外，M 事业部负责人提议，可将 RPA 加入企业现有 IT 解决方案咨询与开发服务的业务范畴，作为新的业务方向，这也吸引了公司领导的注意。

这次会议中关于 RPA 潜在好处的报告引发了公司高层的思考。于是，公司高层决定由 M 事业部负责，尝试将 RPA 流程应用于招聘部门，将一些机械性的任务交由机器人来完成。

J. K. 是 M 事业部的一名项目经理，被 M 事业部负责人安排负责跟进这一项目。最初，想将 RPA 实施服务加入现有部门的 IT 服务范围内也是 J. K. 提议的，之前在部门内部已安排技术人员对市面上的几款 RPA 产品从采购费用、部署方式、流程开发平台等方面进行了初始调研工作。

接到任务后，J. K. 开始组建一支 RPA 团队，他在现有技术部门挑选了中级 .NET 软件开发工程师 Sam 和高级自动化测试工程师 Z. T. 组成了 RPA 初始团队。Sam 乐于学习新技术，Z. T. 拥有独立搭建自动化测试框架的能力，并帮助多个项目实现了测试自动化。

这支由三人组成的 RPA 初始团队的目标是筛选招聘部门员工的一个日常任务作为试点项目，利用 RPA 技术进行交付。J. K. 作为项目经理，负责制订项目计划，分配团队成员的工作任务，组织召开招聘部门的需求沟通会议，了解员工日常的工作任务。Sam 和 Z. T. 分别选用一款 RPA 产品，开始研究一些简单自动化任务的实现，以此来熟悉 RPA 流程编辑器和流程发布的方法。例如，简单的网页登录操作、Excel

数据读取与写入操作和自动发送邮件的操作。完成简单的示例和流程发布后，团队内部交流了使用经验和价格比对结果，最终决定了项目所使用的 RPA 产品。

通过访谈，J. K. 了解到目前这些重复性的任务从获取招聘需求开始，主流程可划分为 1）招聘需求发布与关闭；2）查阅简历并人工判断匹配度；3）推送简历到各需求部门；4）预约候选人进行面试、复试，记录面试结果；5）入职确认；6）学位核验。期间须将同一求职人的简历多次按不同格式进行编辑，整个环节需要不断沟通和反复确认，并生成大量电子邮件。

筛选哪个场景作为 RPA 试点项目成了第一个摆在 RPA 初始团队面前的难题。经过团队内部讨论，挑选流程使用频率高、重复性强、暂时无须用到 OCR 等 AI 技术的任务，最终决定将在某招聘网站发布招聘需求这一流程作为试点项目。

J. K. 担任 RPA 业务分析师的角色，将发布招聘需求的流程进行需求详细分析，包括流程发布方式、账号身份验证、业务操作步骤、系统依赖性、业务操作实际所需人力和操作时长，输出了流程定义文档。Sam 和 Z. T. 在流程定义文档的基础上，同步 RPA 流程设计实现的思路。Sam 负责实现基础流程的子任务，Z. T. 发挥其自动化测试框架搭建方面的宝贵经验，对流程初始化、流程结束、中间环节的事务异常捕获与回退、日志记录、邮件通知等环节进行架构搭建，并负责流程测试的工作。

RPA 初始团队用了 2 周时间，便完成了试点项目的设计、测试与发布。J. K. 组织招聘部门的员工进行该流程的演示和使用培训，会议进行得很顺利，招聘部门员工询问何时能在其他招聘平台也实现招聘需求的自动发布，并提出了其他流程自动化的需求。

试点流程试运行的 2 周时间里，Sam 每天都会查看机器人执行的稳定性，查询日志文件，判断是否有需要关注的异常信息，期间对页面异常关闭处理进行了一次流程优化。

Z. T. 负责将试点流程的技术实现写成流程设计文档，并进一步对试点阶段收集到的招聘部门的需求进行梳理，找出这些需求有共性的地方，从架构角度分析哪些公有方法可被抽象封装，方便后期直接调用，并输出最初版的 RPA 项目架构设计文档。项目经理 J. K. 与招聘部门负责人进行沟通，了解试点流程的应用反馈，请其评估该流程上线后可以节省的人力数据，并入 RPA 试点流程的汇报资料，向 M 事业部负责人进行汇报。

企业高层会议上，大家对是否有必要继续在企业内部扩大 RPA 的应用进行了讨论。公司副总裁希望能从企业数字化转型的视角来整体规划 RPA 的应用，而不是局限于帮助某部门员工完成日常任务而定制自动化工具，且希望了解 RPA 能为公司带来哪些收益。从目前的资料来看，RPA 的实施投入和后期维护将会是一笔不小的开支。

于是 J.K. 带领团队成员搜集、整理了目前市场上各行业成功实施 RPA 的案例和应用场景，制定了企业内部实施 RPA 的分阶段计划，列出各阶段 RPA 投入产出比的预测数据。企业实施 RPA 的分阶段目标如下。

1）优先将企业后端职能部门的业务流程尽可能多地实现机器人自动化。

2）开辟 RPA 解决方案咨询与实施的业务线，为更多企业提供 RPA 服务。

3）将 RPA 技术应用于企业营销、呼叫中心业务，打造基于 AI 平台的数字自动化平台。

最终，RPA 的实施方案得到了企业高层领导的批准，确认了由 M 事业部负责企业 RPA 项目的推进工作，并在采购部门和财务部门的协助下完成了第一套 RPA 产品的采购。

14.4.2　扩展阶段

得到企业高层领导的确认后，M 事业部负责人依旧让 J. K. 来负责这项工作。J.K. 担任了企业内部 RPA 的领导者和推广者的角色，他在人力资源部门的协助下，在企业内部组织了一场 RPA 宣传的培训，帮助员工了解 RPA 是什么，能助力实现哪些场景的自动化，为员工们绘制了机器人与人协作提高工作效率的美好景象，并鼓励员工提出自动化需求。

J. K. 继续担任 RPA 项目经理的角色，负责 RPA 项目的实施交付管理工作。J. K. 为团队招聘了一位需求分析师，负责 RPA 流程的需求分析工作。J. K. 将企业引入 RPA 助力数字化转型的分阶段计划传递给了团队成员，使每位成员都清楚企业借助 RPA 实现数字化转型的短期目标和长期目标，并共同着力于短期目标的实现。

短期目标是继续为招聘部门员工的日常工作提供流程自动化。之前试点阶段的成功实施给了 RPA 团队良好的信心和宝贵经验。在 J. K. 的领导下，在需求层面制定了流程定义文档模板，在技术层面制定了流程设计文档、项目架构总体设计文档、测试报告等文档模板和代码规范约束，并确定了需求管理、任务管理、漏洞管理的平台工具。

项目按 Scrum 的管理方式，每两周一个 Sprint 滚动向前迭代。项目经理 J. K. 担任了 Scrum Master 的角色，组织召开需求评审会、Sprint 启动会议、任务进度每日追踪和 Sprint 回顾会议。

RPA 需求分析师负责与各业务部门的经理进行访谈，了解部门内部流程或跨部门协作中的流程痛点，将各部门各岗位人员的日常操作流程进行记录和梳理，识别出可用 RPA 取代的流程或子任务，对流程进行合理的场景划分，输出使用 RPA 技术的优化流程，交由业务部门领导确认。部门领导从工作流程优化、提高员工工作效率的角度来确认开发优先级。

业务评审通过后，需求分析师负责以 Epic、Feature、Backlog 的形式进行 RPA 需求维护。在这个过程中，Z. T. 每周会和需求分析师同步当前收集到的需求，向 RPA 需求分析师分享自己对 RPA 的认知，以帮助他在进行需求分析时，向业务部门准确地传递原流程经 RPA 实施后与现有流程不同或被优化的地方。同时，该过程也让 Z.T. 了解后续各部门的 RPA 需求，以帮助 Z.T. 对 RPA 应用的整体技术迭代有较好的把控。

RPA 技术团队新加入 2 位工程师，总数扩充到了 6 人。其中 Z. T. 兼任 RPA 架构师，负责整体框架优化，在迭代中不断将可共用的任务进行封装，实现组件化调用，并针对一些流程实现的关键点进行代码评审和测试工作。Sam 负责指导两位新人，完成 RPA 流程的设计、开发和测试工作。此外，Sam 还负责生产环境的环境配置、流程发布、启动和监控机器人的工作。在每个 Sprint 结束前，Z.T. 和 Sam 都会针对该 Sprint 的实现更新流程设计文档和架构设计文档。

在 6 个月时间内，RPA 团队为招聘部门上线了不同复杂度 30 多个流程，概述为以下场景。

1）实现了通过机器人在五大求职网站自动发布、关闭招聘需求。

2）实现了简单的基于关键字识别的匹配简历自动筛选。

3）实现了特定场景下的邮件自动回复功能和一些场景下的集成邮件发送功能。

4）实现了人工与候选人确认面试时间后，由机器人来自动创建面试会议预约。

5）实现了学位、学历核验的流程。

6）实现了根据自定义模板来批量生成简历的功能。

7）生成各维度 KPI 报表。

这些流程的上线，为企业节省了约 40 万元 / 月，全年节省了 480 万元的人力成本。与此同时，RPA 的上线也加速了简历筛选与推荐的速度和质量，提高了企业内部各事业部对招聘部门及时响应的满意度，以及外部企业客户对 CW 公司人力外派服务的满意度。

在接下来的两年时间内，RPA 技术团队招聘了 1 位需求分析师、2 位 RPA 工程师、1 位测试人员和 1 位运维工程师，划分为两支交付团队，一支团队负责实现招聘部门和人力资源部门的自动化流程需求；另一支团队负责实现财务部门的自动化需求。从提高部门内部协作效率和跨部门协作效率的企业视角出发，更多跨部门的复杂自动化流程得以实现，并在许多场景都用到了 OCR 技术。

1）招聘部门确认人员入职后自动转到人事部门，自动生成入职合同。候选人在移动端完成合同签署后，流程自动核验、盖章并发送邮件通知。

2）员工入职当日的各种账号、权限自动开通，自动发送邮件通知各干系人，自动发送邮件给入职员工，自动发送新人培训课程。

3）社保招、退工，公积金转入、转出，各类核定表下载、打印等流程。

4）OA 系统的报销申请流程的发票真伪核验、重复检验、财务自动审批。

5）自动登记财务记账凭证、自动下载各类报表、自动合并报表等。

运维工程师负责 RPA 机器人的监控与调度、服务器各项性能指标监控、生产流程的发布和配置、配置文档维护等工作，也承担了 RPA 运营工作。当业务部门使用过程中流程发生异常时，会通过邮件形式优先通知运维工程师，由其优先进行问题排查与定位、机器人重启等操作。能解决的，直接回复给业务部门；无法解决的，向 RPA 开发团队求助。

一些后端职能部门的流程在运行一段时间稳定后，被复制推广到 CW 公司的各地分公司，以解放人力，提高分公司员工的工作效率和工作满意度。

与此同时，M 事业部将公司内部实施的 RPA 项目转成案例，分享给长期合作的客户。市场部也带来了一些企业的 RPA 需求，由 J.K. 和 Z.T. 负责前期的用户沟通、咨询和定制解决方案及应标工作。

14.4.3 转型阶段

2021 年初，CW 公司的员工数量已发展到 8000 人，100 多个机器人协同员工高效处理日常工作。由 M 事业部 J.K. 负责的 RPA 团队人数已发展到 25 人，划分为 4 支 RPA 交付团队，一支团队继续为后端职能部门维护和交付新的 RPA 流程；两支团队将目标转向前端市场、销售部门，挖掘这些部门员工的工作痛点和可被机器人自动化的流程，为他们提供 RPA 流程；一支团队开始为外部客户服务，已帮助一家保险行业客户实施了 RPA 解决方案。

在项目管理过程中，J.K. 发现技术实现并不是最大的问题，由于不少团队成员身兼数职，使得团队内外的沟通、信息共享变得难以高效管理，因此机器人的监控和问题排查也难以及时响应；各部门领导都从各自部门角度出发提出了许多优先级高的自动化需求，且都希望自己的流程能够在指定时间内运行。这些来自多方的压力消耗了 J.K. 大量的沟通时间，机器人资源争抢现象日益严重。另外，跨部门、跨公司的自动化流程因为没有一个明确的牵头人，在推进上也遇到了不少障碍，流程交付变得低效。为了尽快明确各成员的工作职责，增强知识共享，提高产线问题排查的响应速度，使机器人作业编排更透明且高效，须尽快成立 RPA 机器人运营中心。

公司高层对此现象特别重视，决定成立 RPA 卓越中心（CoE）来解决这些问题，由负责数字化转型的公司副总裁亲自担任项目负责人，各部门抽调一位经理级别的管理人员兼任 CoE 成员，结合公司数字化转型的战略和目标，自上而下地全面推动 CoE 的建设和管理。

CW 公司 CoE 各职能与职责如图 14-13 所示。

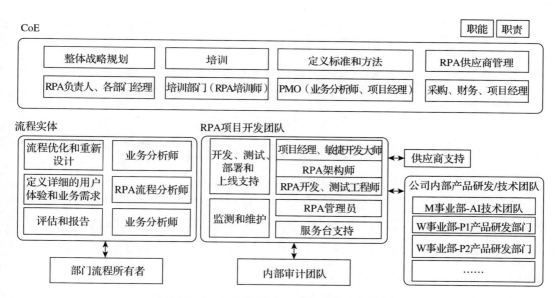

图 14-13　CW 公司 CoE 职能及职责架构图

围绕企业数字化转型战略目标，CoE 主要负责 RPA 战略目标、RPA 项目实施与监控标准规范的制定和工作落实的监督与审查，具体内容如下。

1. CoE 负责制定企业 RPA 的整体战略规划和目标

1）带领分公司负责人和各职能部门经理以半年为单位，制定各部门持续降本增效的指标，引导各部门领导从优化部门整体工作效率的视角出发，梳理和输出 RPA 需求。

2）在各事业部的产品研发部门中，适时推广 RPA 技术的应用，明确企业在数字化产品设计研发、AI 平台建设的过程中要积极引入 RPA 技术这一战略规划，并带领产品研发部门制定融入 RPA 技术的产品规划路线图。

3）确定由 M 事业部负责开辟 RPA 解决方案咨询与实施服务的新业务，制订 RPA 业务的市场拓展计划、年度业务收益指标和增长率指标，并在新业务拓展过程中给予资源支持。

2. CoE 负责制定企业 RPA 的项目管理制度、开发和测试规范

1）确定企业 RPA 的整体开发架构和框架，要求各分公司的 RPA 项目均基于总公司的开发框架开发，由总公司负责组件库的统一开发与维护。

2）PMO 负责定义 RPA 生命周期各环节（流程发现→流程分析→流程构建→验收与发布→运行、监控与评估→退役）的项目管理规范，制订各阶段的文档模板，明确各阶段的输入输出项和 RPA 团队成员的岗位职责与分工，制定项目需求管理、变更管理、质量管理、风险管理、沟通管理、人员管理、发布配置管理等项目管理制度。

3）制定内部审计制度，定期抽查项目实施过程是否遵循公司的 SOP，定期对 RPA 项目的数据安全、账号权限安全、网络安全等进行审计，做好风险管控。

4）组织各部门各岗位的中高层员工参与 RPA 需求管理、项目管理、RPA 开发、测试技能培训，宣传基于本公司 RPA 项目实施的最佳实践。

3. CoE 负责制定自动化流程的运维保障制度，建设并不断完善 RPA 机器人的运营管理体系

1）制定 RPA 集中部署的策略。对 RPA 的开发、测试、UAT 和生产环境，以及与 RPA 交互的所有业务系统的各环境和账号进行统一管理，制定生产环境的发布、回退、配置变更、机器人任务编排调整的操作规范，并定期对 RPA 管理员的生产操

作规范和文档记录进行巡检。

2）制定保障 RPA 运行稳定的日常运维管理制度。对所有服务器基础设施、软硬件、许可证进行统一管理；制定服务器软硬件升级、数据清理等操作规范；制定应对网络问题、服务器宕机等故障的应急预案；对各业务系统的升级进行提前通告并主动评估、告知项目组及相关业务部门其对 RPA 流程的影响。

3）制定机器人的日常监控制度。定时查看机器人的运行情况，主动对异常停止的流程进行恢复操作，主动对排队作业进行机器人资源的调度以提高产能管理；对 RPA 异常日志进行排查与上报；按要求定期输出机器人运行情况报表，例如流程运行的成功率、流程执行时间、总耗时、各节点耗时、错误情况等；定期输出服务器的性能指标报表，例如 CPU 使用率、内存使用率、磁盘使用率、网络使用率等。

4）制定 RPA 服务台工作管理制度。制定明确的事件分级响应制度和 SLA 指标；对服务台员工进行定期技能培训和绩效考核；建设并不断完善知识库以增强员工的事件处理能力，提高运营效率。

4. CoE 负责增强各部门的沟通与交流、解决冲突，并评估 RPA 收益

1）组织各部门代表、Scrum 经理和项目经理共同从企业数字化转型的战略视角评审各部门和跨部门的流程需求，确定流程需求的优先级，使各部门的需求透明化，增强部门之间的理解，从而保障 RPA 团队资源始终投入在最有价值的流程交付上。

2）制定编排机器人作业执行时间的管理制度，当有限的机器人资源与多个部门流程期望执行时间发生冲突时，CoE 负责评估是否需要增加机器人资源，或与各部门负责人进行协调与沟通，以解决机器人资源冲突的问题。

3）制定跨团队、跨部门的合作模式和沟通管理制度。每季度总公司和分公司召开沟通与分享会议，同步 RPA 成果与收益；当 RPA 项目推动受阻时，帮助与相关部门沟通解决这些障碍，推动 PRA 顺利实施。

4）制定自动化流程收益评估的方法与策略。结合 RPA 的实施成本、运维团队和运营团队提供的运行监控报表，对实施 RPA 前后各部门内部、跨部门流程优化的收益进行对比分析，计算部门和企业各维度的 RPA 投入产出比，作为企业制定下一阶段数字化转型的战略目标的依据。

在 CoE 的统一管理和推动下，各部门的需求更透明，推动了跨部门流程的开发效率，协调了机器人资源冲突的问题，使 RPA 的可持续运营得到了良好保障。

企业正围绕搭建 RPA 流程自动化机器人工厂的长远目标而努力，将更多 AI 组件加入机器人工厂。以 RPA 技术为载体，相关事业部的产品研发团队与 RPA 技术团队和 AI 团队紧密合作，利用 OCR、NLP、机器学习等技术，实现了智能问答、智能外呼、智能文档审阅等自动化流程，为企业呼叫中心业务、企业市场、营销部门提供了智能化的全自动流程，扩大了运营规模，大幅降低人力成本的同时全面提高了业务的运转效率和客户体验满意度。

CW 公司借助 RPA 重塑了企业内部流程，提升了自动化水平和响应能力，创造并扩大了企业业务价值，RPA 帮助 CW 公司加快了企业数字化转型的步伐。

14.5 本章小结

本章介绍的 4 个案例分别站在需求方和实施方的视角展示了企业实施 RPA 项目的过程。案例融入了本书各章内容，希望能将读者带入 RPA 的需求挖掘、PoC、RPA 实施的全生命周期以及企业通过 RPA 实现的数字化真实场景中。

从认识 RPA 开始，就会对 RPA 的应用产生美好想象。实际上 RPA 项目在企业中的实施与推广远不如表面看起来那么顺利和简单，RPA 产品本身、技术、用户需求，还有 RPA 所应用的行业，都是在不停变化与发展的。企业必须从可持续发展的角度规划企业内部的 RPA 应用，运用正确的方法实施和管理 RPA 资产。

附录　RPA 技术栈

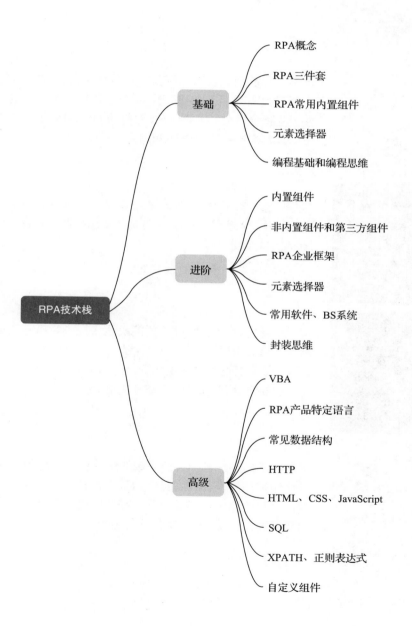

- RPA技术栈
  - 基础
    - RPA概念
    - RPA三件套
    - RPA常用内置组件
    - 元素选择器
    - 编程基础和编程思维
  - 进阶
    - 内置组件
    - 非内置组件和第三方组件
    - RPA企业框架
    - 元素选择器
    - 常用软件、BS系统
    - 封装思维
  - 高级
    - VBA
    - RPA产品特定语言
    - 常见数据结构
    - HTTP
    - HTML、CSS、JavaScript
    - SQL
    - XPATH、正则表达式
    - 自定义组件

推荐阅读

RPA之家官方出品，初学者的UiPath实战宝典，全面、详细讲解UiPath的功能组件、企业级框架和大型项目实践，100余个RPA项目实例，提供答案和讲解。

这是一部从商业应用和行业实践角度全面探讨RPA的著作。作者是全球三大RPA巨头AA的前大中华区首席专家，他结合自己多年的专业经验和全球化的视野，从6个维度对RPA做了全面的分析和讲解，帮助读者构建完整的RPA知识体系。

这是一部从实战角度讲解"AI+RPA"如何为企业数字化转型赋能的著作，从8个维度对智能RPA做了系统解读，为企业认知和实践智能RPA提供全面指导。

这是一部为企业应用RPA智能机器人提供实施方法论和解决方案的著作。首先讲清楚了RPA平台的技术架构和原理、RPA应用场景的发现和规划等必备的理论知识，然后重点讲解了人力资源、财务、税务、ERP等领域的RPA实施方法和解决方案。

这是一本指导财务和税务领域的企业和组织利用RPA机器人实现智能化转型的著作。作者基于自身在财税和信息化领域多年的实践经验，从4个维度详细讲解了RPA在财税中的应用，包含大量RPA机器人在核算、资金、税务相关业务中的实践案例。

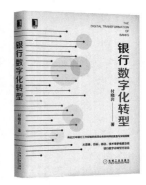